Mathematische Methoden
in der Technik 1

W. Törnig/M. Gipser/B. Kaspar

Numerische Lösung von partiellen Differentialgleichungen der Technik

Mathematische Methoden in der Technik

Herausgegeben von

Prof. Dr. rer. nat. Jürgen Lehn, Technische Hochschule Darmstadt
Prof. Dr. rer. nat. Helmut Neunzert, Universität Kaiserslautern
o. Univ.Prof. Dr. rer. nat. Hansjörg Wacker †

Band 1

Die Texte dieser Reihe sollen die Anwender der Mathematik — insbesondere die Ingenieure und Naturwissenschaftler in den Forschungs- und Entwicklungsabteilungen und die Wirtschaftswissenschaftler in den Planungsabteilungen der Industrie — über die für sie relevanten Methoden und Modelle der modernen Mathematik informieren. Es ist nicht beabsichtigt, geschlossene Theorien vollständig darzustellen. Ziel ist vielmehr die Aufbereitung mathematischer Forschungsergebnisse und darauf aufbauender Methoden in einer für den Anwender geeigneten Form: Erläuterung der Begriffe und Ergebnisse mit möglichst elementaren Mitteln; Beweise mathematischer Sätze, die bei der Herleitung und Begründung von Methoden benötigt werden, nur dann, wenn sie zum Verständnis unbedingt notwendig sind; ausführliche Literaturhinweise; typische und praxisnahe Anwendungsbeispiele; Hinweise auf verschiedene Anwendungsbereiche; übersichtliche Gliederung, die ein „Springen in den Text" erleichtert. Die Texte sollen Brücken schlagen von der mathematischen Forschung an den Hochschulen zur mathematischen Arbeit in der Wirtschaft und durch geeignete Interpretationen den Transfer mathematischer Forschungsergebnisse in der Praxis erleichtern. Es soll auch versucht werden, den in der Hochschulforschung Tätigen die Wahrnehmung und Würdigung mathematischer Leistungen der Praxis zu ermöglichen.

Numerische Lösung von partiellen Differentialgleichungen der Technik

Differenzenverfahren, Finite Elemente und die Behandlung großer Gleichungssysteme

Von
Prof. Dr. rer. nat. Willi Törnig
Technische Hochschule, Darmstadt

Dr. rer. nat. Michael Gipser
Daimler Benz AG, Stuttgart

Dr. rer. nat. Bernhard Kaspar
Fernmeldetechnisches Zentralamt der
Deutschen Bundespost, Darmstadt

2., durchgesehene Auflage

Springer Fachmedien Wiesbaden GmbH 1991

Prof. Dr. rer. nat Willi Törnig

Von 1951 bis 1956 Studium an der FU und TU Berlin, 1956 Diplom, 1956/57 Mitarbeiter in einer Versicherungsgesellschaft und von 1957 bis 1962 wissenschaftlicher Assistent an der TU Clausthal in Clausthal-Zellerfeld. 1958 Promotion, 1962 Habilitation, 1963 Oberingenieur, 1965 Wissenschaftlicher Rat und Professor an der TU Clausthal. Von 1967 bis 1972 Ordentlicher Professor für Mathematik an der TH Aachen und Direktor des Zentralinstitutes für Angewandte Mathematik der Kernforschungsanlage Jülich, ab 1972 Ordentlicher Professor an der TH Darmstadt.

Dr. rer. nat. Michael Gipser

Von 1972 bis 1977 Studium der Mathematik an der TH Darmstadt, 1977 Diplom. Von 1977 bis 1981 wissenschaftlicher Mitarbeiter im Fachbereich Mathematik der TH Darmstadt, 1980 Promotion. Ab 1981 tätig im Forschungsbereich der Daimler Benz AG, Stuttgart.

Dr. rer. nat Bernhard Kaspar

Von 1972 bis 1978 Studium der Mathematik an der TH Darmstadt, 1978 Diplom. Von 1978 bis 1980 Forschungsstipendiat der DFG, von 1980 bis 1983 wissenschaftlicher Mitarbeiter im Fachbereich Mathematik der TH Darmstadt, 1984 Promotion. Ab 1984 Mitarbeiter im Forschungsinstitut des Fernmeldetechnischen Zentralamtes der Deutschen Bundespost, Darmstadt.

Die Deutsche Bibliothek – CIP-Einheitsaufnahme

Törnig, Willi:
Numerische Lösung von partiellen Differentialgleichungen der Technik : Differenzenverfahren, finite Elemente und die Behandlung großer Gleichungssysteme / von Willi Törnig ; Michael Gipser ; Berhard Kaspar. – 2., durchges. Aufl.

(Mathematische Methoden in der Technik ; Bd. 1)
ISBN 978-3-519-12613-3 ISBN 978-3-663-10923-5 (eBook)
DOI 10.1007/978-3-663-10923-5

NE: Gipser, Michael:; Kaspar, Bernhard:; GT

Ursprünglich erschienen bei B.G. Teubner, Stuttgart 1985

Gesamtherstellung: Präzis-Druck GmbH, Karlsruhe
Umschlaggestaltung: W. Koch, Sindelfingen

Vorwort

Der vorliegende Band entstand aus Texten, die im Rahmen des "Modellversuch zur mathematischen Weiterbildung" der Universität Kaiserslautern geschrieben wurden. Er soll Ingenieure, Mathematiker und Naturwissenschaftler in der Praxis und an Hochschulen über Methoden zur numerischen Lösung von Randwertproblemen, soweit diese für technische Fragestellungen von Bedeutung sind, informieren.

Im ersten Teil werden Diskretisierungen beschrieben. Dabei gehen wir kurz auch auf die klassische Methode der Finiten Differenzen ein, befassen uns hauptsächlich jedoch mit der Methode der Finiten Elemente und am Rande mit der der Finiten Volumen. Auch nichtlineare Randwertprobleme werden betrachtet. Der zweite Teil enthält die wichtigsten Methoden zur direkten oder iterativen Lösung der durch die Diskretisierung der Randwertprobleme entstehenden großen, schwach besetzten, linearen und nichtlinearen Gleichungssysteme. Dabei werden jeweils die numerischen Eigenschaften und der Rechenaufwand der Verfahren diskutiert, bei den Iterationsverfahren finden sich Aussagen über die Konvergenzgeschwindigkeit. Auch auf neueste Entwicklungen wird eingegangen oder zumindest hingewiesen.

Die Fülle des Stoffes einerseits und der relativ geringe Umfang des Buches andererseits bedingen eine knappe Darstellung. Durch verständliche Formulierungen mit zahlreichen erläuternden Abbildungen, aber auch durch viele gezielte Literaturhinweise, hoffen wir, dieser Tatsache angemessen Rechnung zu tragen. Wir sind jedoch für kritische Hinweise stets dankbar.

Darmstadt und Stuttgart   W. Törnig,   M. Gipser,   B. Kaspar
Dezember 1984

In der 2. Auflage wurden die uns bekanntgewordenen Fehler beseitigt. Der Text selbst unterscheidet sich nicht von dem der 1. Auflage.

Darmstadt und Stuttgart   W. Törnig,   M. Gipser,   B. Kaspar
Mai 1991

INHALTSVERZEICHNIS

1. NUMERISCHE LÖSUNG VON RANDWERTAUFGABEN

Unter den Berechnungsmethoden im Ingenieurbereich hat die Methode der finiten Elemente im Laufe der Jahre eine besondere Bedeutung erlangt. Sie findet Anwendung bei zahlreichen industriellen Entwicklungs- und Forschungsvorhaben, insbesondere bei Festigkeitsberechnungen im Maschinen- und Fahrzeugbau, im Kraftwerksbau, in einigen elektronischen Industriebereichen und nicht zuletzt im Hochbau.

Dagegen sind die früher vorwiegend verwendeten Differenzenverfahren, vor allem bei Festigkeitsberechnungen, mehr in den Hintergrund getreten. Bei dreidimensionalen Problemen der Elektrotechnik etwa oder in der Strömungsmechanik werden sie jedoch in verschiedener Form nach wie vor häufig benutzt.

Da man bei Differenzenverfahren zweckmäßigerweise gleichmäßige Gitter zugrunde legt, erhält man im allgemeinen eine geringere Genauigkeit der berechneten Näherungen. Auf der anderen Seite können die entstehenden großen linearen (und nichtlinearen) Gleichungssysteme mit in letzter Zeit entwickelten Algorithmen besonders schnell gelöst werden.

Wir befassen uns daher mit beiden Verfahren, wobei das Schwergewicht jedoch auf der Methode der finiten Elemente liegt. Am Anfang gehen wir kurz auf die Eigenschaften partieller elliptischer Differentialgleichungen und auf die damit in engem Zusammenhang stehenden Variationsprobleme ein.

1.1 RANDWERTPROBLEME ELLIPTISCHER DIFFERENTIALGLEICHUNGEN

Randwertprobleme sind für elliptische Differentialgleichungen sachgemäß gestellt. Im folgenden erläutern wir zunächst, was darunter zu verstehen ist.

1.1.1 KLASSIFIZIERUNG

Wir betrachten die partielle Differentialgleichung 2. Ordnung

(1.1-1) $$Lu := au_{xx}+2bu_{xy}+cu_{yy}-g = 0\ .$$

Dabei sind a,b,c,g Funktionen oder auch nur konstante Koeffizienten. Die Differentialgleichung heißt homogen, wenn $g \equiv 0$.

Man unterscheidet lineare und nichtlineare Differentialgleichungen (1.1-1). Die nichtlinearen Gleichungen unterteilt man wiederum in halblineare und quasilineare. Allgemein gilt folgende

DEFINITION 1.1-1

Die partielle Differentialgleichung 2. Ordnung (1.1-1) heißt

a) linear, wenn a,b,c Konstanten oder Funktionen von x,y sind und g die Gestalt

$$g := \alpha u_x + \beta u_y + \gamma u + \delta$$

besitzt. Dabei sind $\alpha,\beta,\gamma,\delta$ Funktionen von x,y oder Konstanten

b) halblinear, wenn a,b,c wie unter a) definiert sind und g eine nichtlineare Funktion von mindestens einer der Variablen u_x, u_y, u ist.

c) quasilinear, wenn mindestens eine der Funktionen a,b,c von mindestens einer der Variablen u_x, u_y, u (linear oder nichtlinear) abhängt. □

Bei a) gilt die "Linearitätsbeziehung" L(u+v) = Lu+Lv, weshalb man auch die Differentialgleichung Lu = 0 als linear bezeichnet. In den Fällen b) und c) gilt das offenbar nicht.

BEISPIELE

1. $u_{xx}+u_{yy} = 0$ ist homogen und linear mit konstanten Koeffizienten,

2. $x^2u_{xx}-y^2u_{yy}-\sin(x+y) = 0$ ist linear,

3. $u_{xx}+u_{yy}-u^2 = 0$ ist halblinear,

4. $uu_{xx}-u_{yy}-1 = 0$ ist quasilinear,

5. $(1+u_y^2)u_{xx}-2u_xu_yu_{xy}+(1+u_y^2)u_{yy} = 0$ ist quasilinear und homogen. ■

Es erfordert einige Übung, auf den ersten Blick zu erkennen, ob eine partielle Differentialgleichung 2. Ordnung linear, halblinear, oder quasilinear ist.

Man unterscheidet nun weiter bei den partiellen Differentialgleichungen 2. Ordnung elliptische, hyperbolische und parabolische Gleichungstypen. Diese Unterscheidung ist nicht zuletzt deshalb wichtig, weil der Typ der Differentialgleichung die Art der Nebenbedingungen weitgehend festlegt. Durch Vorgabe dieser Nebenbedingungen, seien es Randbedingungen, Anfangsbedingungen usw., erreicht man, daß die Lösung des Differentialgleichungsproblems eindeutig wird. So hat man, wie oben schon erwähnt, bei elliptischen Differentialgleichungen Randbedingungen zu stellen, während diese etwa bei hyperbolischen Differentialgleichungen keine sachgemäßen Nebenbedingungen sind. Wir wollen uns hier jedoch auf die Definition der elliptischen Differentialgleichung beschränken. Für die anderen Definitionen vergleiche man [23], S. 239 - 245. Dazu nehmen wir zunächst an, daß a,b,c Konstanten sind, daß die Differentialgleichung (1.1-1) also eine solche mit konstanten Koeffizienten a,b,c ist. Dann kann man ihr in der ξ-η-Ebene die quadratische Form $a\xi^2+2b\xi\eta+c\eta^2$ zuordnen und die Kurve

(1.1-2) $$a\xi^2+2b\xi\eta+c\eta^2 = r^2$$

mit der Konstanten r^2 betrachten. Man nennt nun die Differentialgleichung (1.1-1) elliptisch, wenn die Kurve (1.1-2) eine Ellipse darstellt. Wie man in der analytischen Geometrie zeigt, ist dies genau dann der Fall, wenn die symmetrische Matrix

$$M := \begin{pmatrix} a & b \\ b & c \end{pmatrix}$$

definit, also entweder positiv definit oder negativ definit, ist. Dies ist wiederum gleichbedeutend damit, daß die Matrix nur positive oder nur negative Eigenwerte besitzt. Als Eigenwerte berechnet man

$$\lambda_{1,2} = \frac{a+c}{2} \pm \frac{1}{2}\sqrt{(a+b)^2-4(ac-b^2)}\ .$$

λ_1 und λ_2 haben offensichtlich genau dann das gleiche Vorzeichen, wenn (man beachte $(a+c)^2-4(ac-b^2) = (1-c)^2+4b^2 \geqq 0$) $(a+c)^2-4(ac-b^2) < (a+c)^2$, wenn also

(1.1-3) $$ac-b^2 > 0$$

gilt.

Wir lassen unsere Annahme, daß a,b,c Konstante sind, jetzt fallen und nehmen an, daß a,b,c als Funktionen von x und y vorliegen. Gilt dann in einem festen

Punkt (x_0,y_0)

$$a(x_0,y_0)c(x_0,y_0)-b(x_0,y_0)^2 > 0 ,$$

so sagen wir, die Differentialgleichung (1.1-1) sei im Punkt (x_0,y_0) elliptisch. Ist sie in jedem Punkt (x,y) eines Gebietes G elliptisch, so heißt sie "in G elliptisch". Da die Definition der Elliptizität unabhängig von g ist, können wir somit feststellen, wo die linearen und halblinearen Differentialgleichungen (1.1-1) elliptisch sind.

Bei quasilinearen Differentialgleichungen hat man noch die zusätzliche Schwierigkeit, daß a,b,c im allgemeinen Funktionen von x,y,u,u_x,u_y sind. Die Differentialgleichung kann daher bezüglich einer Lösung u(x,y) elliptisch sein, bezüglich einer anderen Lösung eventuell nicht. Glücklicherweise tritt dieser Fall bei den in der Praxis vorkommenden Differentialgleichungen nur selten auf.

Es bleibt uns nichts anderes übrig, als daß wir uns eine konkrete Lösung u(x,y) mit ihren Ableitungen $u_x(x,y)$, $u_y(x,y)$ in die a,b,c eingesetzt denken und dann einen festen Punkt (x_0,y_0) betrachten. Wir wollen (1.1-1) dann bezüglich der eingesetzten Lösung u(x,y) der Differentialgleichung im Punkt (x_0,y_0) als elliptisch bezeichnen, wenn

$$a(x_0,y_0,u(x_0,y_0),u_x(x_0,y_0),u_y(x_0,y_0))c(\ldots)-b(\ldots)^2 > 0$$

gilt.

<u>DEFINITION 1.1-2</u>

Im festen Punkt (x_0,y_0) heißt die Differentialgleichung $Lu := au_{xx}+2bu_{xy}+cu_{yy}-g = 0$ elliptisch (im quasilinearen Fall bezüglich einer eingesetzten Lösung von Lu = 0), wenn dort

$$ac-b^2 > 0$$

gilt. □

<u>BEISPIEL</u>

Die Torsionsgleichung zur Berechnung der Schubspannungsfunktion u(x,y) in einem unendlich langen Stab lautet

$$(1.1\text{-}4) \qquad -\frac{\partial}{\partial x}[g(x,y,u_x,u_y)u_x]-\frac{\partial}{\partial y}[g(x,y,u_x,u_y)u_y]-2\omega G = 0 ,$$

dabei bedeutet
ω: Verdrillungswinkel, G: Schubmodul (konstant), g: Schubfunktion.
Diese Differentialgleichung ist im allgemeinen quasilinear. Oft hängt g nicht explizit von x,y ab, etwa dann, wenn ein homogenes isotropes Material tordiert wird.

Die Gleichung wird linear, d.h. $g = g(x,y)$, wenn das Material inhomogen ist, aber ein lineares Hooke'sches Gesetz zugrunde gelegt wird. Ist das Material auch noch homogen, so ist g eine Konstante. In diesem Fall reduziert sich (1.1-4) auf $-\Delta_2 u = \frac{2\omega G}{g}$, d.h. auf die sogenannte Poisson-Gleichung.

Um festzustellen, unter welchen Voraussetzungen (1.1-4) elliptisch ist, führen wir die Differentiation aus und erhalten

$$-(u_x g_{u_x}+g)u_{xx}-(u_x g_{u_x}+u_y g_{u_x})u_{xy}-(u_y g_{u_y}+g)u_{yy}-g_x u_x-g_y u_y-2\omega G = 0.$$

Es ist daher, wenn wir diese Gleichung mit $au_{xx}+2bu_{xy}+cu_{yy}-g = 0$ identifizieren

$$a = -(u_x g_{u_x}+g),\ b = -\frac{1}{2}(u_x g_{u_y}+u_y g_{u_x}),\ c = -(u_y g_{u_y}+g)$$

und die Elliptizitätsbedingung lautet allgemein

$$(1.1\text{-}5) \qquad (u_x g_{u_x}+g)(u_y g_{u_y}+g)-\frac{1}{4}(u_x g_{u_y}+u_y g_{u_x})^2 > 0 .$$

Man erkennt hier die Schwierigkeit der Klassifizierung im quasilinearen Fall. Ist die Gleichung jedoch linear, hängt g also nicht von u_x,u_y ab und ist mithin $g_{u_x} \equiv g_{u_y} \equiv 0$, so folgt aus (1.1-5) sofort die Elliptizitätsbedingung

$$g^2 > 0 ,$$

die überall in der x-y-Ebene erfüllt ist, wenn $g \neq 0$ ist. ■

Durch die Lösungen elliptischer Differentialgleichungen werden in der Technik - grob gesprochen - stationäre Gleichgewichtszustände beschrieben. Das trifft auf Festigkeitsprobleme ebenso zu wie auf stationäre Strömungen oder auf Probleme der Magnetostatik. Häufig handelt es sich dabei allerdings um dreidimensionale Aufgaben. Deshalb wollen wir abschließend noch kurz erklären, wann eine Differentialgleichung 2. Ordnung in n unabhängigen Veränderlichen elliptisch heißen soll. Dazu betrachten wir die Differentialgleichung

$$(1.1\text{-}6) \qquad Lu := \sum_{i,k=1}^{n} a_{ik} u_{x_i x_k} - g = 0$$

in der gesuchten Funktion $u = u(x_1,\dots,x_n)$. Die Definitionen der Linearität, Halblinearität und Quasilinearität lassen sich direkt vom 2-dimensionalen Fall her übertragen.

Man nennt analog zum 2-dimensionalen Fall die Differentialgleichung (1.1-6) elliptisch im festen Punkt $(x_1^o,\dots,x_n^o)$ (im quasilinearen Fall nach Einsetzen einer Lösung!), wenn dort die symmetrische Matrix

$$A := \begin{pmatrix} a_{11} & \cdots & a_{1n} \\ \vdots & & \vdots \\ a_{1n} & \cdots & a_{nn} \end{pmatrix}$$

definit ist, wenn also alle n (reellen) Eigenwerte entweder sämtlich positiv oder sämtlich negativ sind. Die Gleichung

$$\sum_{i,k=1}^{n} a_{ik} \xi_i \xi_k = r^2$$

beschreibt dann im $\xi_1,\dots,\xi_n$-Raum ein "n-dimensionales Ellipsoid", im dreidimensionalen Raum also ein im allgemeinen dreiachsiges gewöhnliches Ellipsoid.

BEISPIEL

$$u_{x_1x_1} + u_{x_2x_2} + u_{x_3x_3} + e^{x_1^2+x_2^2+x_3^2} = 0$$

Diese Poisson-Gleichung ist elliptisch, denn es gilt $a_{11} = a_{22} = a_{33} = 1$, $a_{12} = a_{13} = a_{21} = a_{23} = a_{31} = a_{32} = 0$. Daher ist

$$A = \begin{pmatrix} 1 & 0 & 0 \\ 0 & 1 & 0 \\ 0 & 0 & 1 \end{pmatrix}$$

die Einheitsmatrix und diese hat die Eigenwerte $\lambda_1 = \lambda_2 = \lambda_3 = 1$, ist also positiv definit. Das zugehörige Ellipsoid hat dann die Gestalt

$$\xi_1^2+\xi_2^2+\xi_3^2 = r^2 ,$$

stellt also eine Kugel mit dem Radius r dar, deren Mittelpunkt der Nullpunkt ist. ■

1.1.2 RANDWERTPROBLEME

Wir betrachten wieder die Differentialgleichung

$$(1.1\text{-}7) \qquad Lu := au_{xx}+2bu_{xy}+cu_{yy}-g = 0, \; ac-b^2 > 0 ,$$

und suchen Lösungen u(x,y) für alle (x,y)eG, wobei F ein Gebiet in der x-y-Ebene mit stetigem Rand Γ bedeutet. (Abb. 1.1-1)

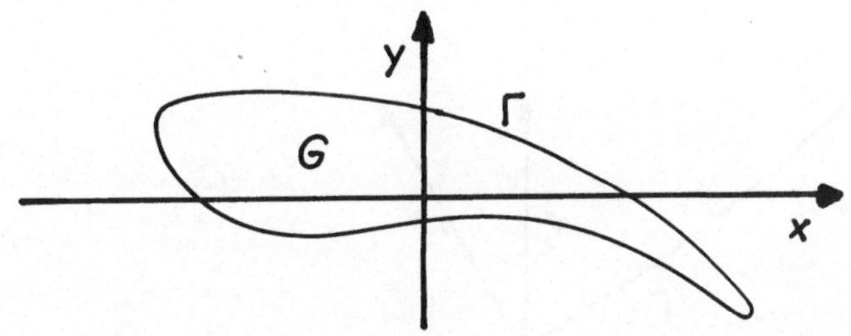

Abb. 1.1-1 Das Gebiet G mit dem Rand Γ

Gibt es überhaupt eine Lösung, was wir stets annehmen, so ist diese unter den bisherigen Annahmen sicher nicht eindeutig. Denn mit u(x,y) ist z.B. auch bei linearer Differentialgleichung u(x,y)+c mit beliebiger Konstante c eine Lösung.

Um eine eindeutige Lösung zu erhalten, müssen daher noch <u>Nebenbedingungen</u> gestellt werden, und diese sind, wie schon mehrfach erwähnt, bei elliptischen

Differentialgleichungen Randbedingungen. Das bedeutet, daß wir auf dem Rand Γ des Gebietes G zusätzliche Bedingungen an die Lösung vorschreiben. So können wir etwa fordern, daß die Lösung auf dem Rand Γ stetig in eine auf Γ definierte Funktion f(x,y) übergeht, d.h.

$$u(x,y) = f(x,y), \quad (x,y)\in\Gamma \ . \tag{1.1-8}$$

Die Differentialgleichung (1.1-7) zusammen mit der Randbedingung (1.1-8) nennt man ein "Randwertproblem der Differentialgleichung Lu = 0". Und zwar nennt man es häufig "1. Randwertproblem" oder "Dirichletproblem".
Das reine Dirichletproblem ist das einfachste Randwertproblem. In wichtigen Fällen hat man jedoch wesentlich kompliziertere Nebenbedingungen. So kann man etwa auf einem Teil von Γ die Werte von u vorschreiben, auf dem anderen etwa die Ableitungen von u in Richtung der Normalen von Γ. Oder man kann etwa auf ganz Γ die Kombination

$$\alpha(x,y)u(x,y)+\beta(x,y)\frac{\partial u(x,y)}{\partial\nu} = \gamma(x,y), \quad (x,y)\in\Gamma \ , \tag{1.1-9}$$

vorgeben, wobei $\partial u(x,y)/\partial\nu$ die Ableitung von u in Richtung der inneren Normalen ν ist. Sie ist wie folgt definiert: Bezeichnen wir die Komponenten von ν mit ν_1 und ν_2, so gilt (Abb. 1.1-2), weil der Vektor ν die Länge 1 hat,

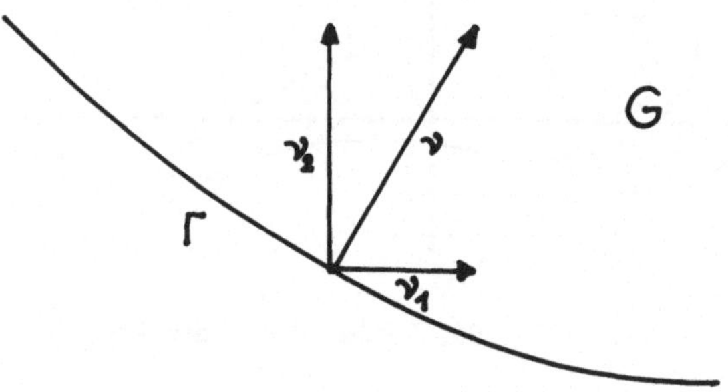

Abb. 1.1-2 Die innere Normale

$\nu_1(x,y) = \cos(\nu,x)$, $\nu_2(x,y) = \cos(\nu,y)$ und

$$\frac{\partial u(x,y)}{\partial\nu} := \frac{\partial u(x,y)}{\partial x}\cos(\nu,x)+ \frac{\partial u(x,y)}{\partial y}\cos(\nu,y) \ . \tag{1.1-10}$$

Bei technischen Berechnungen treten aber zum Teil noch andere und kompliziertere Randbedingungen auf, insbesondere, wenn der Rand sich aus stückweise definierten Kurven zusammensetzt. Die numerische Lösung der Randwertprobleme wird dadurch sehr erschwert. Es ist klar, wie die Formulierung der Randwertprobleme im dreidimensionalen Fall erfolgen muß. Hier hat man ein dreidimensionales Gebiet G im x_1-x_2-x_3-Raum, auf dessen Berandung Γ die Randwerte vorgegeben werden. Gesucht ist dann eine Lösung der Differentialgleichung in G, die auf Γ die vorgeschriebenen Randwerte annimmt.

Bei Randwertproblemen, die technische und physikalische Vorgänge beschreiben - und für diese interessieren wir uns ja in erster Linie - sind die Randwerte durch die physikalischen Gegebenheiten weitgehend festgelegt. Dabei kann es durchaus mehrere Möglichkeiten geben. Es ist also nicht so, daß die Vorgabe der Randwerte eine rein mathematische Angelegenheit ist. Nicht nur durch die Differentialgleichung, sondern in gleichem Maße durch die Randbedingungen wird die Lösung des durch das Randwertproblem beschriebenen technischen Problems festgelegt.

<u>BEISPIEL</u>

Das Strömungspotential u(x,y) einer Sickerströmung genügt der Differentialgleichung

$$(1.1\text{-}11) \qquad -\frac{\partial}{\partial x}\left(k_1(x,y)\frac{\partial u}{\partial x}\right)-\frac{\partial}{\partial y}\left(k_2(x,y)\frac{\partial u}{\partial y}\right) = 0\ .$$

Dabei sind $k_i(x,y)$ die von der Stelle x,y abhängigen sogenannten "Durchlässigkeiten", k_1 in x-, k_2 in y-Richtung.

Um etwas Konkretes vor Augen zu haben, betrachten wir die stationäre Sickerströmung durch ein poröses Material (etwa Sand) unter einem undurchlässigen Staudamm [17] S. 14 f.. Das poröse Material wird nach unten durch eine wasserundurchlässige Schicht begrenzt, wie in Abb. 1.1-3 dargestellt.

Gesucht ist dann das Strömungspotential u(x,y) im Innern des Gebietes G. Auf dem wasserundurchlässigen Teil Γ_2 des Randes von G ist dann durch die physikalischen Gegebenheiten die Randbedingung

$$\frac{\partial u(x,y)}{\partial \nu} = 0\ , \quad (x,y)\in\Gamma_2$$

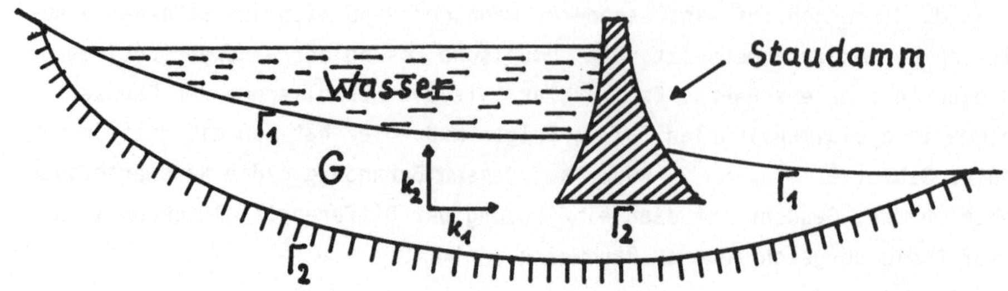

Abb. 1.1-3 Sickerströmung unter einem Staudamm

festgelegt. Auf dem wasserdurchlässigen Teil Γ_1 des Randes dagegen ist

$$u(x,y) = f(x,y) \ , \quad (x,y) \in \Gamma_1$$

zu fordern, wobei die vorzugebende Funktion f(x,y) durch den hydrostatischen Druck des Wassers bestimmt ist. ■

Randbedingungen, bei denen die Ableitungen in Richtung der Normalen von Γ vorgegeben werden, nennt man häufig "Neumannsche Randbedingungen" oder kurz "Neumann-Bedingungen".

1.1.3 RANDWERTPROBLEME UND VARIATIONSPROBLEME

Wichtige Randwertprobleme in der Technik, insbesondere in der Festigkeitslehre, sind äquivalent zu Variationsproblemen. Bevor wir diesen Zusammenhang näher erläutern, betrachten wir zunächst das

BEISPIEL

einer eingespannten Membran. Die (kleine) Auslenkung u(x,y) dieser Membran wird unter Voraussetzungen, auf die hier im Moment nicht näher eingegangen werden soll, durch die lineare Differentialgleichung

(1.1-12) $$-d_1 u_{xx} - d_2 u_{yy} = f(x,y) \text{ in } G$$

beschrieben. Dabei bedeutet f die sogenannte differentielle Last und d_1, d_2 sind die Hooke'schen Konstanten in x- bzw. y-Richtung. Das Gebiet G mit dem Rand Γ beschreibt die Gestalt der Membran selbst.

Die Differentialgleichung (1.1-12) ist elliptisch, weil d_1 und d_2 gleiches Vorzeichen haben. Stellen wir nun noch Randbedingungen, etwa, daß die Membran auf dem Rand fest eingespannt ist, d.h.

$$(1.1\text{-}13) \qquad u(x,y) = \psi(x,y) \ , \quad (x,y)\in\Gamma \ ,$$

so ist (1.1-12), (1.1-13) ein Randwertproblem mit einer eindeutigen Lösung u(x,y). Diese beschreibt einen Gleichgewichtszustand der Membran, und zwar ist dieser bekanntlich dadurch festgelegt, daß die Gesamtenergie, d.h. hier die potentielle Energie, minimal ist. Nun ist die lokale Formänderungsenergie $d_1u_x^2(x,y)+d_2u_y^2(x,y)$ und die potentielle Energie der äußeren Belastung $-2f(x,y)u(x,y)$. Die Forderung, daß die gesamte potentielle Energie minimal werden soll, lautet dann

$$(1.1\text{-}14) \qquad W = \iint_G \{d_1u_x^2+d_2u_y^2-2fu\}dg = \min \ .$$

Man nennt (1.1-14) ein Variationsproblem. Gesucht ist in diesem Falle eine Funktion u(x,y), die W minimiert. Ist sie zweimal stetig differenzierbar, so genügt sie der Differentialgleichung (1.1-12). ■

Um den Zusammenhang zwischen Randwertproblemen und Variationsproblemen besser erläutern zu können, betrachten wir das allgemeine Variationsproblem

$$(1.1\text{-}15) \qquad \begin{aligned} W[u] &:= \iint_G F(x,y,u,u_x,u_y)dg + \int_{\Gamma_1} \Phi(x,y,u)ds = \min \ , \\ u(x,y) &= \psi(x,y) \ , \quad (x,y)\in\Gamma_2 := \Gamma-\Gamma_1 \ . \end{aligned}$$

Dabei sei G ein beschränktes Gebiet der x-y-Ebene mit dem Rand Γ, der aus den beiden Teilrändern Γ_1 und Γ_2 besteht. Γ_2 soll aus mindestens einem Punkt bestehen, während Γ_1 auch leer sein kann. Ferner sind F, Φ und ψ Funktionen der angegebenen Argumente und s bedeutet die Bogenlänge, ds das entsprechende Differential. Weiter sei F bezüglich aller fünf Argumente zweimal stetig differenzierbar und Φ eine stetige Funktion bezüglich x,y sowie eine stetig differenzierbare Funktion von u.

Ist Γ_1 so, daß überall die innere Normale ν an diesen Randteil existiert, und im Innern und auf dem Rande von G zweimal stetig differenzierbar, so löst u als Lösung von (1.1-15), wie in der Variationsrechnung gezeigt wird, das Randwertproblem

$$(1.1\text{-}16)\qquad -\frac{\partial}{\partial x} F_{u_x}(x,y,u,u_x,u_y)-\frac{\partial}{\partial y} F_{u_y}(x,y,u,u_x,u_y)-F_u(x,y,u,u_x,u_y) = 0$$

in G ,

$$(1.1.17)\qquad -F_{u_x}(x,y,u,u_x,u_y)\cos(\nu,x)-F_{u_y}(x,y,u,u_x,u_y)\cos(\nu,y)+\Phi_u(x,y,u) = 0$$

auf Γ_1 ,

$$(1.1.18)\qquad u(x,y) = \psi(x,y) \text{ auf } \Gamma_2 .$$

Die Differentialgleichung (1.1-16) bezeichnet man als die zum Variationsproblem (1.1-15) gehörige "Eulersche Differentialgleichung". Ihre Gestalt ist allein durch die Funktion F festgelegt, sie ist im allgemeinen quasilinear.

Als Beispiel betrachten wir den Spezialfall

$$(1.1\text{-}19)\qquad \begin{aligned} W[u] &:= \frac{1}{2}\iint_G (k_1(x,y)u_x^2+k_2(x,y)u_y^2+q(x,y)u^2+2f(x,y)u)dg \\ &+ \frac{1}{2}\int_{\Gamma_1} (\alpha(x,y)u^2-2\beta(x,y)u)ds = \min , \end{aligned}$$

$$(1.1\text{-}20)\qquad u(x,y) = \psi(x,y)\cdot, \quad (x,y)\epsilon\Gamma_2 .$$

Um das Integral über Γ_1 berechnen zu können, wird man Γ_1 in der Parameterform $x = x(s)$, $y = y(s)$ als Funktion der Bogenlänge s darstellen, doch soll dies im Moment nicht weiter verfolgt werden.

Hier ist nun

$$F := \frac{1}{2}(k_1(x,y)u_x^2+k_2(x,y)u_y^2+q(x,y)u^2+2f(x,y)u)$$

und daher

$$F_{u_x} = k_1(x,y)u_x,\ F_{u_y} = k_2(x,y)u_y,\ F_u = q(x,y)u+f(x,y),$$

so daß die Eulersche Differentialgleichung wegen (1.1-16) lautet

$$(1.1\text{-}21) \qquad -\frac{\partial}{\partial x}\left(k_1(x,y)\frac{\partial u}{\partial x}\right)-\frac{\partial}{\partial y}\left(k_2(x,y)\frac{\partial u}{\partial y}\right)+q(x,y)u+f(x,y) = 0 \ .$$

Weiter gilt

$$\Phi = \frac{1}{2}(\alpha(x,y)u^2-2\beta(x,y)u) \ ,$$

so daß die Randbedingungen (1.1-17) in unserem Fall lauten

$$(1.1\text{-}22) \qquad \begin{aligned} &-k_1(x,y)u_x\cos(\nu,x)-k_2(x,y)u_y\cos(\nu,y)+\alpha(x,y)u-\beta(x,y) = 0 \\ &\text{auf } \Gamma_1 \ . \end{aligned}$$

Schließlich kommt noch die Randbedingung (1.1-20) hinzu.

In diesem Fall ist die Eulersche Differentialgleichung (1.1-21) linear, sie hat eine bestimmte Form, man nennt sie "selbstadjungiert". Auch die Randbedingungen sind lineare Funktionen in u, u_x, u_y, man nennt sie deshalb auch "lineare Randbedingungen".

Man kann zeigen, daß (1.1-19) schon das allgemeinste Variationsproblem ist, das zu einem linearen Randwertproblem mit linearer Eulerscher Differentialgleichung führt. Spezialfälle sind

1. $k_1(x,y) \equiv k_2(x,y) \equiv 1$, $q(x,y) \equiv f(x,y) \equiv 0$:

   $-\Delta_2 u := -u_{xx}-u_{yy} = 0$ (Laplace-Gleichung, Potentialgleichung),

2. $k_1(x,y) \equiv k_2(x,y) \equiv 1$, $q(x,y) \equiv 0$, $f(x,y) \not\equiv 0$:

   $-\Delta_2 u := -u_{xx}-u_{yy} = f(x,y)$ (Poisson-Gleichung).

Abschließend betrachten wir noch ein allgemeines Variationsproblem im dreidimensionalen Gebiet G:

(1.1-22)
$$W[u] := \iiint_G F(x_1,x_2,x_3,u,u_{x_1},u_{x_2},u_{x_3})dg + \iint_{\Gamma_1} \Phi(x_1,x_2,x_3,u)d\gamma = \min,$$
$$u(x_1,x_2,x_3) = \psi(x_1,x_2,x_3) \text{ auf } \Gamma_2.$$

Dabei sind die Bezeichnungen in analoger Weise zum zweidimensionalen Variationsproblem gewählt. So ist dg hier das Volumenelement und $d\gamma$ das Oberflächenelement. Die Oberfläche von G wird unterteilt in Γ_1 und Γ_2.

Unter entsprechenden Differenzierbarkeitsvoraussetzungen wie oben löst die Lösung des Variationsproblems (eine Lösung, wenn es mehrere geben sollte) dann auch das Randwertproblem

(1.1-23)
$$-\sum_{i=1}^{3} \frac{\partial}{\partial x_i} F_{u_{x_i}}(x_1,x_2,x_3,u,u_{x_1},u_{x_2},u_{x_3})$$
$$+F_u(x_1,x_2,x_3,u,u_{x_1},u_{x_2},u_{x_3}) = 0$$
$$\text{in } G\,,$$

(1.1-24)
$$-\sum_{i=1}^{3} \nu_i F_i(x_1,x_2,x_3,u,u_{x_1},u_{x_2},u_{x_3}) + \Phi_u(x_1,x_2,x_3,u) = 0$$
$$\text{auf } \Gamma_1\,,$$

(1.1-25)
$$u(x_1,x_2,x_3) = \psi(x_1,x_2,x_3) \text{ auf } \Gamma_2\,.$$

Wie bereits erwähnt, ist die Eulersche Differentialgleichung höchstens quasilinear, wie man durch Ausführung der Differentiation leicht bestätigt: Die Differentialgleichung (1.1-16) lautet, wenn die Argumente (x,y,u,u_x,u_y) im Moment fortgelassen werden,

$$-F_{xu_x} - F_{uu_x}u_x - F_{u_xu_x}u_{xx} - F_{u_xu_y}u_{xy} - F_{yu_y} - F_{uu_y}u_y - F_{u_yu_y}u_{yy}$$
$$-F_{u_xu_y}u_{xy} + F_u = 0$$

bzw.

$$-F_{u_xu_x}u_{xx} - 2F_{u_xu_y}u_{xy} - F_{u_yu_y}u_{yy} - F_{uu_x}u_x - F_{uu_y}u_y - F_{xu_x} - F_{yu_y} + F = 0$$

Die Eulersche Differentialgleichung ist elliptisch, wenn

(1.2-26) $$F_{u_x u_x} F_{u_y u_y} - F^2_{u_x u_y} > 0 .$$

Der Zusammenhang zwischen Variations- und Randwertproblemen ist von entscheidender Bedeutung für die Methode der finiten Elemente, wie sich in 1.3 und 1.4 zeigen wird. Aber auch für andere numerische Verfahren zur genäherten Lösung von elliptischen Randwertproblemen macht man sich diesen Zusammenhang zunutze.

ÜBUNGEN ZU 1.1

Ü 1.1.1

A. Man klassifiziere die folgenden Differentialgleichungen bezüglich "linear", "halblinear", "quasilinear":

a) $\sin(x^2+y^2)u_{xx}-u_{xy}+\cos(x^2+y^2)u_{yy}-e^{x^2+y^2} = 0$

b) $u^3u_{xx}+uu_{yy}-1 = 0$

c) $u_{xx}+u_{yy}-e^u-e^{x^2+y^2} = 0$

d) $(1-u_x^2)u_{yy}+2u_xu_yu_{xy}+(1-u_y^2)u_{xx} = 0$

B. Welche der folgenden Differentialgleichungen sind unter welchen Bedingungen elliptisch?

a) $xu_{xx}+yu_{yy} = 1$

b) $u^2u_{xx}+uu_{yy} = 0$

c) $(1+u_x^2)u_{yy}-2u_xu_yu_{xy}+(1+u_y^2)u_{xx} = 0$

C. Die Laplace-Gleichung in ebenen Polarkoordinaten r,θ lautet

$$u_{rr}+\frac{1}{r}u_r+\frac{1}{r^2}u_{\theta\theta} = 0$$

Ist sie elliptisch?

Ü 1.1.2

Für welche $p > 0$ ist $u = -\ln r^p$ Lösung des Randwertproblems

$$u_{rr} + \frac{1}{r} u_r + \frac{1}{r^2} u_{\theta\theta} = 0 \text{ in } G := \{(r,\theta) \mid \tfrac{1}{2} < r < 1,\ 0 \leqq \theta \leqq 2\pi\}$$

$$u_r + \frac{2}{\ln 2} u = 0 \text{ auf } \Gamma_1 := \{(r,\theta) \mid r = \tfrac{1}{2},\ 0 \leqq \theta \leqq 2\pi\}$$

$$u = 0 \qquad \text{auf } \Gamma_2 := \{(r,\theta) \mid r = 1,\ 0 \leqq \theta \leqq 2\pi\} \text{ ?}$$

Ü 1.1.3

Zu folgenden Variationsproblemen bestimme man die zugehörigen Randwertprobleme (Eulersche Differentialgleichung und Randbedingung)

a) $W[u] := \iint\limits_G \sqrt{1+u_x^2+u_y^2}\, dxdy = \min$

$u(x,y) = \psi(x,y),\ (x,y) \in \Gamma$

b) $W[u] := \frac{1}{2} \iint\limits_G (x^2+y^2)[u_x^2+u_y^2+u^2]dxdy + \frac{1}{2} \int\limits_{\Gamma_1} (u^2-2u)ds = \min$

$u(x,y) = \psi(x,y),\ (x,y) \in \Gamma_2$

Dabei ist G ein beschränktes Gebiet der x-y-Ebene mit dem Rand Γ, der bei b) in Γ_1 und Γ_2 unterteilt ist.

1.2 FINITE DIFFERENZEN-VERFAHREN ZUR NUMERISCHEN LÖSUNG LINEARER RANDWERTPROBLEME

Die Lösung eines zweidimensionalen Randwertproblems stellt eine glatte Fläche $u(x,y)$ über ein beschränktes Gebiet G in der x-y-Ebene dar, die auf dem Rand Γ durch eine glatte Raumkurve hindurchgeht. Diese Fläche ist dann für jeden Punkt $(x,y) \in G$ definiert, in jedem Punkt erfüllt sie auch die Differentialgleichung.

Nun kann man elliptische Randwertprobleme fast immer nicht "exakt" in geschlossener Form lösen. Und wenn dies in Ausnahmefällen möglich ist, wie z.B. bei einigen Randwertproblemen der Differentialgleichung $\Delta_2 u = 0$, so ist $u(x,y)$ oft ein äußerst komplizierter Ausdruck und damit für quantitative Untersuchungen nicht geeignet.

Daher ist man bei der Lösung von Randwertproblemen - von seltenen Ausnahmen abgesehen - auf Näherungsverfahren angewiesen. Eines der ältesten Näherungsverfahren ist das "Differenzenverfahren" oder, wie man in neuerer Zeit auch häufig sagt, die "Methode der finiten Differenzen". Ihre Grundidee kann wie folgt beschrieben werden:
Wir bezeichnen das Gebiet, das aus G durch Hinzunahme des Randes Γ entsteht, mit $\overline{G}$, in Zeichen $\overline{G} := G \cup \Gamma$. Im einfachsten Fall wird dann das Gebiet G mit einem quadratischen Gitter $\overline{G}_h$ überzogen, das die Maschenweite h besitzt. Wir werden $\overline{G}_h$ weiter unten genauer beschreiben. Im Falle krummlinig berandeter Gebiete müssen die Randgitterpunkte nicht auf Γ liegen, wir wählen sie aus rechentechnischen Gründen aber stets so, daß sie sämtlich innerhalb oder auf Γ liegen (Abb. 1.2-1).

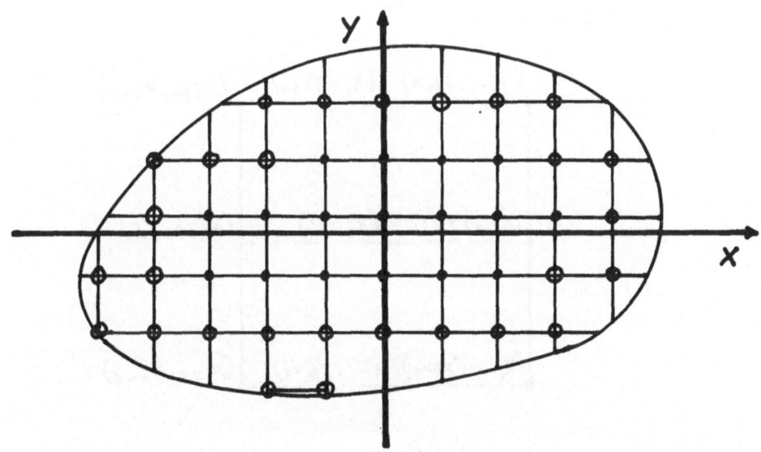

Abb. 1.2-1. Das Gitter $\overline{G}_h$

Mit G_h bezeichnen wir das Gitter, das alle in Abb. 1.2-1 mit "·" gekennzeichnete Punkte enthält, während die Menge aller Randpunkte Γ_h aus den in Abb. 1.2-1 mit "⊕" beschriebenen Punkten besteht. Schließlich bezeichnen wir die Vereinigung von G_h und Γ_h mit $\overline{G}_h$, in Zeichen $\overline{G}_h := G_h \cup \Gamma_h$. $\overline{G}_h$ besteht also aus allen Punkten "·" und "⊕".
Wir wollen dann eine Funktion U_h konstruieren, die nur in den Punkten von $\overline{G}_h$ definiert ist, und die dort eine Näherung der exakten Lösung u des Randwertproblems darstellt. Eine Funktion, die nur auf einem Gitter $\overline{G}_h$ definiert ist,

nennt man "Gitterfunktion". Die Maschenweite h des Gitters wählt man hinreichend klein. Es wird sich noch zeigen, daß U_h die Funktion u auf dem Gitter umso besser approximiert, je kleiner h ist.

1.2.1 DIFFERENZENQUOTIENTEN

Wir bezeichnen die Gitterpunkte von $\overline{G}_h$ jetzt mit (x_i, y_k), wobei wir die Numerierung zunächst nicht genauer festlegen wollen. Wir halten aber fest, daß i und k irgendwelche ganzen Zahlen durchlaufen, die in der Regel nicht voneinander unabhängig sind. Wir kommen darauf im nächsten Abschnitt zurück.

Der Punkt (x_i, y_k) hat dann die 8 Nachbarpunkte (x_{i+1}, y_k), (x_{i-1}, y_k), (x_i, y_{k+1}), (x_i, y_{k-1}), $(x_{i\pm 1}, y_{k\pm 1})$, unter der Voraussetzung, daß diese Punkte noch zu $\overline{G}_h$ gehören. (Abb. 1.2-2)

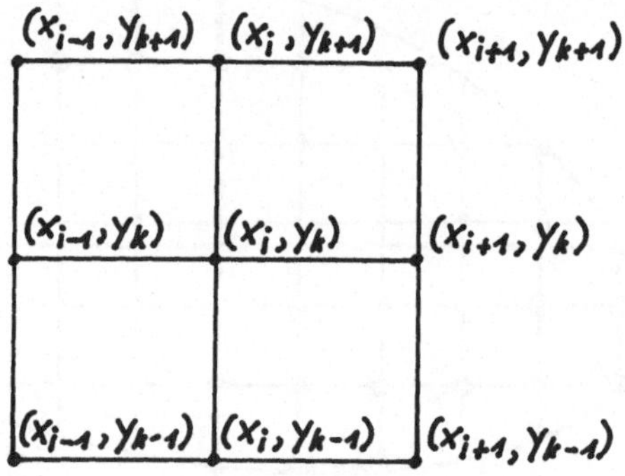

Abb. 1.2-2. Nachbarpunkte von (x_i, y_k)

Nun ist bekannt, daß die Ableitung einer Funktion u(x,y) nach x an der Stelle (x_i, y_k) durch den Grenzwert

$$\lim_{t \to 0} \frac{u(x_i+t, y_k) - u(x_i, y_k)}{t} = \left(\frac{\partial u}{\partial x}\right)(x_i, y_k)$$

definiert werden kann. Wenn der Grenzwert existiert, also einen endlichen Wert annimmt, so sagt man, u sei an der Stelle (x_i, y_k) nach x differenzierbar. Entsprechendes gilt natürlich für die Ableitung nach y.

Wählt man etwa $t = h \ll 1$, so ist zu vermuten, daß

$$(1.2\text{-}1)\qquad (\frac{\partial u}{\partial x})_{(x_i,y_k)} = \frac{u(x_i+h,y_k)-u(x_i,y_k)}{h} + r(x_i,y_k)$$

mit einem im allgemeinen sehr kleinen Fehler $r(x_i,y_k)$ gilt. Um dies bestätigen zu können, nehmen wir zusätzlich an, daß u in $\bar{G}$ zweimal stetig differenzierbar ist. Dann gibt es eine Konstante K, so daß $|u_{xx}| \leqq K$ in $\bar{G}$ gilt. Die Taylorformel mit Restglied liefert weiter

$$(1.2\text{-}2)\qquad u(x_i+h,y_k) = u(x_i,y_k)+(\frac{\partial u}{\partial x})_{(x_i,y_k)}h+ \frac{1}{2}(\frac{\partial^2 u}{\partial x^2})_{(x_i+\theta h,y_k)}h^2 ,$$

wobei $0 < \theta < 1$ gilt. Setzt man (1.2-2) in (1.2-1) ein, so ergibt sich

$$(1.2\text{-}3)\qquad \begin{aligned} (\frac{\partial u}{\partial x})_{(x_i,y_k)} - \frac{u(x_i+h,y_k)-u(x_i,y_k)}{h} &=: r(x_i,y_k) \\ &= \frac{1}{2}(\frac{\partial^2 u}{\partial x^2})_{(x_i+\theta h,y_k)}h \end{aligned}$$

oder

$$(1.2\text{-}4)\qquad |r(x_i,y_k)| = |(\frac{\partial u}{\partial x})_{(x_i,y_k)} - \frac{u(x_i+h,y_k)-u(x_i,y_k)}{h}| \leqq Kh.$$

Der Fehlerbetrag ist also proportional zu h und somit wegen $h \ll 1$ in der Tat klein. In ganz entsprechender Weise errechnet man, daß es eine von h unabhängige Konstante L gibt, so daß

$$(1.2\text{-}5)\qquad |(\frac{\partial u}{\partial x})_{(x_i,y_k)} - \frac{u(x_i+h,y_k)-u(x_i-h,y_k)}{2h}| \leqq Lh^2$$

gilt, unter der Voraussetzung allerdings, daß u in $\bar{G}$ mindestens dreimal stetig nach x differenzierbar ist. Wir haben hier nicht wie in (1.2-1) den <u>vorderen Differenzenquotienten</u>, sondern den <u>zentralen Differenzenquotienten</u> zur Approximation von $(\frac{\partial u}{\partial x})_{(x_i,y_k)}$ verwendet. Dieser approximiert die Ableitung genauer, der Fehler ist proportional zu h^2. Um uns die Darstellung zu erleichtern, wollen wir folgende Bezeichnung vereinbaren: Es sei F(h) eine Größe, die noch von h abhängt, die aber auch noch eine Funktion anderer Variablen sein darf. Wenn es nun eine positive Konstante M gibt, die nicht von h abhängt, so daß für alle $h > 0$ und für $h \to 0$

$$(1.2\text{-}6)\qquad |F(h)| \leqq Mh^p$$

gilt, so wollen wir sagen, es ist

$$F(h) = O(h^p) \ . \tag{1.2-7}$$

Demnach ist z.B. nach (1.2-4) und (1.2-5)

$$\left(\frac{\partial u}{\partial x}\right)_{(x_i,y_k)} - \frac{u(x_i+h,y_k)-u(x_i,y_k)}{h} = O(h) \ , \tag{1.2-8}$$

$$\left(\frac{\partial u}{\partial x}\right)_{(x_i,y_k)} - \frac{u(x_i+h,y_k)-u(x_i-h,y_k)}{h^2} = O(h^2) \ . \tag{1.2-9}$$

Mit Hilfe der Taylorentwicklung rechnet man nun in ganz analoger Weise aus:

$$\left(\frac{\partial u}{\partial y}\right)_{(x_i,y_k)} - \frac{u(x_i,y_k+h)-u(x_i,y_k)}{h} = O(h) \ , \tag{1.2-10}$$

$$\left(\frac{\partial u}{\partial y}\right)_{(x_i,y_k)} - \frac{u(x_i,y_k+h)-u(x_i,y_k-h)}{2h} = O(h^2) \ , \tag{1.2-11}$$

und weiter für die zweiten Ableitungen

$$\left(\frac{\partial^2 u}{\partial x^2}\right)_{(x_i,y_k)} - \frac{u(x_i+h,y_k)-2u(x_i,y_k)+u(x_i-h,y_k)}{h^2} = O(h^2) \ , \tag{1.2-12}$$

$$\left(\frac{\partial^2 u}{\partial x^2}\right)_{(x_i,y_k)} - \frac{u(x_i,y_k+h)-2u(x_i,y_k)+u(x_i,y_k-h)}{h^2} = O(h^2) \ . \tag{1.2-13}$$

Einen entsprechenden Ausdruck kann man auch noch für $(\partial^2 u|\partial x\partial y)_{(x_i,y_k)}$ aufstellen, wir werden diesen jedoch nicht benötigen.

Man kann also die Ableitungen einer differenzierbaren Funktion u(x,y) in den Punkten von G_h durch Differenzenquotienten approximieren, und zwar umso genauer, je kleiner die Maschenweite h gewählt wird. Diese Tatsache stellt die Grundlage des Differenzenverfahrens dar, dem wir uns jetzt zuwenden.

1.2.2 AUFSTELLUNG DER DIFFERENZENGLEICHUNGEN

Wir betrachten dazu als erstes das Randwertproblem

$$\begin{aligned} -\Delta_2 u &:= -u_{xx}-u_{yy} = f(x,y) \text{ in } G, \\ u(x,y) &= 0 \text{ auf } \Gamma \ . \end{aligned} \tag{1.2-14}$$

Es handelt sich also um ein Dirichletproblem (1. Randwertproblem) der Poisson-Gleichung $-\Delta_2 u = f(x,y)$. Dabei nennt man $\Delta_2 u$ häufig auch den "Laplace-Operator". Die Funktion f(x,y) sei etwa stetig in beiden Veränderlichen und G sei ein Gebiet der bisher betrachteten Art (vgl. Abb. 1.1-1).

Über dieses Gebiet legen wir nun ein quadratisches Gitter, wie oben beschrieben, und wie es in Abb. 1.2-1 gezeichnet ist. Die Punkte des Gitters bezeichnen wir wieder mit (x_i, y_k) und nennen jeweils 5 Punkte

(1.2.15) $$(x_i,y_k),\ (x_{i-1},y_k),\ (x_{i+1},y_k),\ (x_i,y_{k-1}),\ (x_i,y_{k+1})$$

einen "Stern" mit dem Mittelpunkt (x_i, y_k). Offenbar gilt dann nach Abb. 1.2-3:

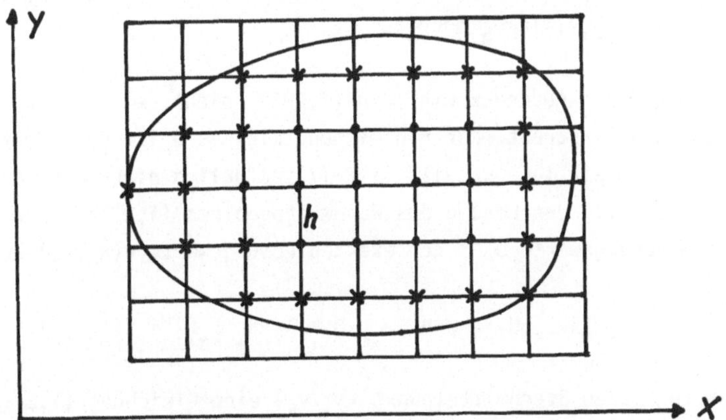

Abb. 1.2-3. G und Γ mit G_h und Γ_h

Die Gesamtheit aller Gitterpunkte, die Mittelpunkte von ganz in $\overline{G}$ gelegenen Sternen sind, bildet das Gitter G_h (in Abb. 1.2-2 mit "·" bezeichnet). Das "Randgitter" Γ_h besteht dagegen aus allen Gitterpunkten, die ganz in $\overline{G}$ gelegenen Sternen angehören, aber keine Mittelpunkte solcher Sterne sind (In Abb. 1.2-2 mit "x" bezeichnet). Die Punkte von Γ_h liegen dabei innerhalb oder auf Γ. Im Sternmittelpunkt (x_i, y_k) gilt dann wegen (1.2-12) und (1.2-13)

(1.2.16) $$\begin{aligned}-(\Delta_2 u)_{(x_i,y_k)} &= -(u_{xx})_{(x_i,y_k)} - (u_{yy})_{(x_i,y_k)} \\ &= -\frac{u(x_i+h,y_k)-2u(x_i,y_k)+u(x_i-h,y_k)}{h^2} + O(h^2)\end{aligned}$$

$$(1.2.16)\qquad -\frac{u(x_i,y_k+h)-2u(x_i,y_k)+u(x_i,y_k-h)}{h^2}+O(h^2) = f(x_i,y_k)$$

Nun ist $-2\cdot O(h^2)$ wieder $O(h^2)$ nach unseren obigen Vereinbarungen (Man mache sich diesen Sachverhalt noch einmal klar!), so daß wir schließlich erhalten

$$(1.2\text{-}17)\qquad -(\Delta_2 u)_{(x_i,y_k)} = \frac{1}{h^2}[4u(x_i,y_k)-u(x_i-h,y_k)-u(x_i+h,y_k) -u(x_i,y_{k-1})-u(x_i,y_{k+1})] = f(x_i,y_k)+O(h^2)\ .$$

Da (x_i,y_k) ein Sternmittelpunkt ist, liegen die Punkte (x_i-h,y_k), (x_i+h,y_k), (x_i,y_{k-1}), (x_i,y_{k+1}) in G_h oder auf Γ_h.

Nun kennen wir den Ausdruck $O(h^2)$ in (1.2-17) nicht, wir wissen nur, daß er wie h^2 gegen Null strebt. Für hinreichend kleines h ist er jedenfalls klein. Vernachlässigen wir ihn, so gilt (1.2-17) natürlich nicht mehr exakt in den Werten von u(x,y), der Lösung des Randwertproblems (1.2-14). Wir berechnen vielmehr Näherungswerte $U_{r,s}$ der exakten Lösungswerte $u(x_r,y_s)$ aus

$$(1.2\text{-}18)\qquad \frac{1}{h^2}[4U_{ik}-U_{i-1,k}-U_{i+1,k}-U_{i,k-1}-U_{i,k+1}] = f(x_i,y_k)\ .$$

Wenn wir für jeden Sternmittelpunkt (x_i,y_k) eine Gleichung (1.2-18) hinschreiben, so erhalten wir ein lineares Gleichungssystem zur Bestimmung der $U_{r,s}$ in allen Punkten (x_r,y_s) des Gitters G_h. In diesem Gleichungssystem treten auch noch die Werte $U_{\rho,\sigma}$ auf, wobei (x_ρ,y_σ) Punkte von Γ_h sind. Wenn nun sämtliche Punkte von Γ_h auf Γ liegen, was z.B. bei rechteckigen Gebieten G der Fall ist, so können wir

$$(1.2\text{-}19)\qquad U_{\rho,\sigma} = u(x_\rho,y_\sigma) = 0$$

setzen, denn die Lösung des Randwertproblems (1.2-14) soll ja auf dem Rand Γ verschwinden. Im allgemeinen liegen die Punkte von Γ_h aber gerade nicht auf Γ, und es erhebt sich die Frage, wie wir dann die $U_{\rho,\sigma}$ festlegen.

Nun haben die Punkte (x_ρ,y_σ) von Γ einen Abstand, der kleiner als $\sqrt{2}$ h ist. Als relativ grobe Näherung, die jedoch bei vielen technischen Berechnungen noch zulässig ist, wird man daher generell

(1.2-20) $\quad U_{\rho,\sigma} = 0\ , \quad (x_\rho, y_\sigma) \in \Gamma_h$

setzen. Will man eine genauere Berechnung, so kann man die $U_{\rho,\sigma}$ auch einfach durch lineare Interpolation bestimmen. Eine ausführliche Darstellung hierfür findet man in [23], S. 322 ff. Auf die Eigenschaften des durch (1.2-18) gegebenen Gleichungssystems gehen wir später genauer ein.

Allgemeiner betrachten wir jetzt das Randwertproblem

$$\text{(1.2-21)} \quad \begin{aligned} -\Delta_2 u &:= -u_{xx} - u_{yy} = f(x,y) \text{ in } G, \\ \alpha(x,y)u(x,y) &+ \beta(x,y)\,\frac{\partial u(x,y)}{\partial \nu} = \gamma(x,y) \text{ auf } \Gamma, \end{aligned}$$

d.h. für alle $(x,y) \in \Gamma$ geben wir die Randbedingungen vor. Dieses Randwertproblem haben wir in 1.1.2 bereits besprochen.

Wie bisher sei $u = u(x,y)$ die Lösung des Randwertproblems, α, β, γ seien differenzierbare Funktionen. Ohne dies jeweils ausdrücklich zu sagen nehmen wir an, daß alle Funktionen oft genug differenzierbar sind, so daß die durchzuführenden mathematischen Operationen erlaubt sind.

Für jeden Punkt $(x_i, y_k) \in G_h$, d.h. jeden Punkt, der Mittelpunkt eines Sterns ist, erhalten wir dann zunächst eine Gleichung (1.2-18), die ja durch die Approximation der Differentialgleichung in diesem Punkt entstanden ist. Die Gesamtheit dieser Gleichungen stellt ein lineares Gleichungssystem dar mit ebensoviel Gleichungen wie Unbekannten. Die Zahl der Gleichungen ist gleich der Zahl der Punkte von G_h, in der Regel also sehr groß.

Es sind nun noch die Randbedingungen zu approximieren, wobei wir das Gitter wie oben zugrunde legen (Abb. 1.2-2). Von einem Punkt $(x_r, y_s) \in \Gamma_h$ aus fällen wir das Lot ν auf die Randkurve Γ, welche über diesen Punkt hinaus die Verbindungslinie von zwei Punkten aus G_h im Punkt (x_{r-1}, y) schneidet (Abb. 1.2-4).

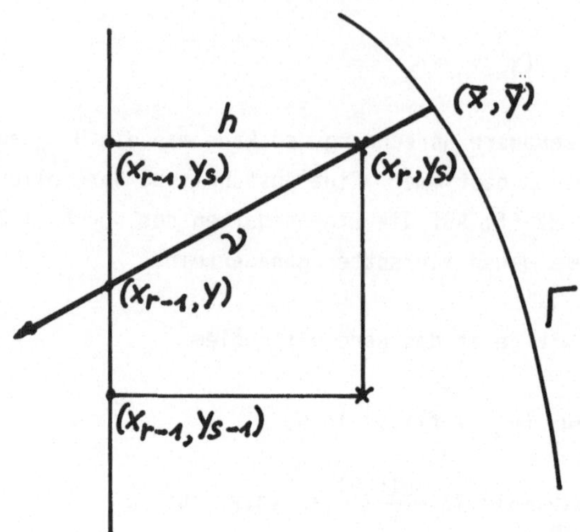

Abb. 1.2-4. Zur Approximation der Randbedingungen

Dann gilt

$$(1.2\text{-}22)\qquad \left(\frac{\partial u}{\partial \nu}\right)_{(x_r,y_s)} = \frac{u(x_{r-1},y)-u(x_r,y_s)}{\sqrt{h^2+(y-y_s)^2}} + O(h) \ ,$$

wie man durch Taylorentwicklung um (x_r,y_s) leicht ausrechnet. Ebenfalls mit Hilfe der Taylorentwicklung an der Stelle (x_{r-1},y) bestätigt man weiter, daß

$$(1.2\text{-}23)\qquad u(x_{r-1},y) = \frac{y-y_{s-1}}{h}\,u(x_{r-1},y_s) + \frac{y_s-y}{h}\,u(x_{r-1},y_{s-1}) + O(h^2) \ .$$

Sei $(\bar{x},\bar{y})$ der Punkt, in dem die Normale ν die Kurve Γ schneidet (Abb. 1.2-4), so gilt schließlich noch

$$(1.2\text{-}24)\qquad \begin{aligned} &\alpha(x_r,y_s)u(x_r,y_s)+\beta(x_r,y_s)\left(\frac{\partial u}{\partial \nu}\right)_{(x_r,y_s)}-\gamma(x_r,y_s) \\ &= \alpha(\bar{x},\bar{y})u(\bar{x},\bar{y})+\beta(\bar{x},\bar{y})\left(\frac{\partial u}{\partial \nu}\right)_{(\bar{x},\bar{y})}-\gamma(\bar{x},\bar{y})+O(h) = O(h) \ , \end{aligned}$$

denn auf Γ ist ja die Randbedingung aus (1.2-21) erfüllt.

Setzt man (1.2-23) in (1.2-22) und danach wiederum diesen Ausdruck in (1.2-24) ein, berücksichtigt man ferner, daß der Wurzelausdruck in (1.2-22) von der Größenordnung O(h) ist, so ergibt sich nach kurzer Rechnung

$$\alpha(x_r,y_s)u(x_r,y_s)+\frac{\beta(x_r,y_s)}{\sqrt{h^2+(y-y_s)^2}}\Big[\frac{y-y_{s-1}}{h}u(x_{r-1},y_s) + \frac{y_s-y}{h}u(x_{r-1},y_{s-1})-u(x_r,y_s)\Big] = \gamma(x_r,y_s)+O(h) . \tag{1.2-25}$$

Wir lassen jetzt wieder das Restglied O(h) fort und ersetzen $u(x_r,y_s)$, $u(x_{r-1},y_s)$, $u(x_{r-1},y_{s-1})$ durch die Größen $U_{r,s}$, $U_{r-1,s}$, $U_{r-1,s-1}$.

Zur Abkürzung setzen wir weiter

$$h\tau_s(y) := \sqrt{h^2+(y-y_s)^2} , \quad \rho_s(y) := \frac{y-y_{s-1}}{h} , \quad \sigma_s(y) := \frac{y_s-y}{h} ,$$

es gilt also

$$\tau_s(y) > 1 , \quad \rho_s(y)+\sigma_s(y) = 1 . \tag{1.2-26}$$

Nach Multiplikation mit $-\tau_s(y)h$ erhält man dann mit (1.2-25)

$$[\beta(x_r,y_s)-h\tau_s(y)\alpha(x_r,y_s)]U_{r,s}-\rho_s(y)\beta(x_r,y_s)U_{r-1,s} -\sigma_s(y)\beta(x_r,y_s)U_{r-1,s-1} = h\tau_s(y)\gamma(x_r,y_s) . \tag{1.2-27}$$

Für jeden Randpunkt $(x_r,y_s)\epsilon\Gamma_h$ ist eine solche oder, bei anderer Lage des Randes, entsprechende Gleichung aufzustellen, wobei die $U_{r,s}$, $U_{r-1,s}$, $U_{r-1,s-1}$ Unbekannte sind. Bei beliebiger Lage des Randes Γ zum Gitter $\overline{G}_h$ ist das Konstruktionsprinzip immer das gleiche: Durch jeden Punkt $(x_r,y_s)\epsilon\Gamma_h$ wird das Lot auf Γ gefällt und dann wie oben eine (1.2-27) entsprechende Gleichung aufgestellt. Daher stellt (1.2-27) ein System von linearen Gleichungen dar, die Anzahl der Gleichungen des Systems ist gleich der Anzahl der Randpunkte.

Das System (1.2-18) zusammen mit (1.2-27) ist dann das insgesamt zu lösende große lineare Gleichungssystem. Wir werden seine Eigenschaften später untersuchen.

Ist in (1.2-21) $\beta(x,y) \equiv 0$, $\alpha(x,y) \equiv 1$, so liegt das Dirichletproblem vor und aus (1.2-27) folgt

$$U_{r,s} = \gamma(x_r,y_s) \ .$$

Nun liegt (x_r,y_s) nicht notwendig auf Γ, so daß $\gamma(x_r,y_s)$ im allgemeinen nicht vorgegeben ist. Daher ersetzt man zweckmäßig $U_{r,s}$ durch den Wert von γ in dem Punkt des Randes Γ, der (x_r,y_s) am nächsten liegt. Besser ist es wiederum, diesen Wert $U_{r,s}$ durch lineare Interpolation zu bestimmen (vgl. etwa [23]).

1.2.3 DAS DIRICHLETPROBLEM BEI NICHT KONSTANTEN KOEFFIZIENTEN

Differenzenverfahren, die immer auf die Lösung großer Gleichungssysteme führen (ebenso wie die später zu betrachtende Methode der Finiten Elemente), lassen sich in analoger Form auch für Differentialgleichungen mit veränderlichen Koeffizienten und sogar für quasilineare elliptische Differentialgleichungen aufstellen. Das Konstruktionsprinzip ist immer das gleiche, man ersetzt die Ableitungen durch Differenzenquotienten in den Werten einer Gitterfunktion. Trotzdem ist es bei komplizierteren Differentialgleichungen oft schwierig, ein angepaßtes Differenzenverfahren aufzustellen, es gehört dazu in manchen Fällen eine große Erfahrung. Differenzenverfahren bei quasilinearen Differentialgleichungen führen auf große nichtlineare Gleichungssysteme, deren Lösung stets iterativ erfolgen muß, wobei der Auswahl der Verfahren besondere Bedeutung zukommt. Wir werden darauf in 2.3 eingehen.

Ganz kurz soll noch ein Differenzenverfahren beschrieben werden, das besonders zur Lösung des Randwertproblems

$$(1.2\text{-}28) \qquad \begin{aligned} Lu &:= -\frac{\partial}{\partial x}\left(a(x,y)\frac{\partial u}{\partial x}\right) - \frac{\partial}{\partial y}\left(b(x,y)\frac{\partial u}{\partial y}\right) = f(x,y) \text{ in } G \ , \\ u(x,y) &= \gamma(x,y) \ , \quad (x,y)\in\Gamma \end{aligned}$$

geeignet ist. Ein Beispiel für eine solche Differentialgleichung ist die Torsionsgleichung (1.1-4) für den Fall, daß die Schubfunktion g dort nur vom Ort (x,y), aber nicht mehr von den Ableitungen u_x,u_y der gesuchten Schubspannungsfunktion selbst abhängt.

Der Einfachheit halber nehmen wir an, daß G das Einheitsquadrat in der x-y-Ebene ist, dessen linker unterer Eckpunkt der Koordinatenursprung ist. Auf dem Rande Γ sind dann die $\gamma(x_r,y_s)$ bekannt, sämtliche Punkte von Γ_h liegen auf Γ, und wir können $U_{r,s} = \gamma(x_r,y_s)$, $(x_r,y_s)\in\Gamma_h$, setzen. Um zu einem Differenzenverfahren zu gelangen, setzen wir zunächst

$$v(x,y) := a(x,y)u_x(x,y),\ w(x,y) := b(x,y)u_y(x,y)\ ,$$

so daß die Differentialgleichung in (1.2-28) lautet

$$(1.2\text{-}29) \qquad -\frac{\partial}{\partial x}v(x,y)-\frac{\partial}{\partial y}w(x,y) = f(x,y)\ .$$

Nun gilt nach (1.2-9), (1.2-10), wenn man dort h durch $\frac{h}{2}$ ersetzt:

$$(v_x)_{(x_i,y_k)} = \frac{v(x_i+\frac{h}{2},y_k)-v(x_i-\frac{h}{2},y_k)}{h} + O(h^2)\ ,$$

$$(1.2\text{-}30) \qquad (w_y)_{(x_i,y_k)} = \frac{w(x_i,y_k+\frac{h}{2})-w(x_i,y_k-\frac{h}{2})}{h} + O(h^2)\ ,$$

denn $O((\frac{h}{2})^2) = \frac{1}{4}O(h^2)$ ist wieder $O(h^2)$!
Weiter ist dann

$$\begin{aligned} v(x_i+\tfrac{h}{2},y_k) &= a(x_i+\tfrac{h}{2},y_k)(u_x)_{(x_i+\frac{h}{2},y_k)} \\ &= a(x_i+\tfrac{h}{2},y_k)\,\frac{u(x_i+h,y_k)-u(x_i,y_k)}{h} + \varepsilon_1(x_i,y_k). \end{aligned}$$

Dabei ist $\varepsilon_1(x_i,y_k)$ ein Fehler, den wir aus Platzgründen nicht analysieren wollen. Entsprechende Ausdrücke bildet man für die anderen in (1.2-30) auftretenden Funktionswerte $v(x_i-\frac{h}{2},y_k)$, $w(x_i,y_k+\frac{h}{2})$, $w(x_i,y_k-\frac{h}{2})$. Wir erhalten dann

$$\begin{aligned} (v_x)_{(x_i,y_k)} = \frac{1}{h^2}\,[&a(x_i-\tfrac{h}{2},y_k)u(x_i-h,y_k) \\ &-\{a(x_i-\tfrac{h}{2},y_k)+a(x_i+\tfrac{h}{2},y_k)\}u(x_i,y_k) \\ &+a(x_i+\tfrac{h}{2},y_k)u(x_i+h,y_k)] \\ &+\frac{\varepsilon_1(x_i,y_k)}{h}+\frac{\varepsilon_2(x_i,y_k)}{h}+O(h^2), \end{aligned}$$

$$\begin{aligned} (w_y)_{(x_i,y_k)} = \frac{1}{h^2}\,[&b(x_i,y_k-\tfrac{h}{2})u(x_i,y_k-h) \\ &-\{b(x_i,y_k-\tfrac{h}{2})+b(x_i,y_k+\tfrac{h}{2})\}u(x_i,y_k) \end{aligned}$$

$$+b(x_i,y_k+\frac{h}{2})u(x_i,y_k+h)]$$

$$+\frac{\eta_1(x_i,y_k)}{h}+\frac{\eta_2(x_i,y_k)}{h}+O(h^2)\ .$$

Dabei sind $\varepsilon_2(x_i,y_k)$, $\eta_1(x_i,y_k)$, $\eta_2(x_i,y_k)$ zu $\varepsilon_1(x_i,y_k)$ analoge Fehler. Eine genaue Analysis zeigt ferner, daß

$$\frac{1}{h}(\varepsilon_1(x_i,y_k)+\varepsilon_2(x_i,y_k)+\eta_1(x_i,y_k)+\eta_2(x_i,y_k)) = O(h^2).$$

Schreibt man daher die Differentialgleichung (1.2-29) für $x = x_i$, $y = y_k$ hin und setzt die obigen Ausdrücke für $(v_x)_{(x_i,y_k)}$, $(w_y)_{(x_i,y_k)}$ ein, so erhält man schließlich mit (1.2-28)

$$
\begin{aligned}
(Lu)_{(x_i,y_k)} &= \frac{1}{h^2}[\{a(x_i-\frac{h}{2},y_k)+a(x_i+\frac{h}{2},y_k) \\
&\quad +b(x_i,y_k-\frac{h}{2})+b(x_i,y_k+\frac{h}{2})\}u(x_i,y_k) \\
&\quad -a(x_i-\frac{h}{2},y_k)u(x_i-h,y_k) \\
&\quad -a(x_i+\frac{h}{2},y_k)u(x_i+h,y_k) \\
&\quad -b(x_i,y_k-\frac{h}{2})u(x_i,y_k-h) \\
&\quad -b(x_i,y_k+\frac{h}{2})u(x_i,y_k+h)] \\
&= f(x_i,y_k)+O(h^2)\ .
\end{aligned}
\tag{1.2-31}
$$

Wir lassen nun das Restglied fort und ersetzen die Werte der exakten Lösung in schon bekannter Weise durch die entsprechenden Werte einer Gitterfunktion, woraufhin wir aus (1.2-31) das lineare Gleichungssystem erhalten:

$$
\begin{aligned}
&\frac{1}{h^2}[\{a(x_i-\frac{h}{2},y_k)+a(x_i+\frac{h}{2},y_k)+b(x_i,y_k-\frac{h}{2})+b(x_i,y_k+\frac{h}{2})\}U_{i,k} \\
&-a(x_i-\frac{h}{2},y_k)U_{i-1,k}-a(x_i+\frac{h}{2},y_k)U_{i+1,k} \\
&-b(x_i,y_k-\frac{h}{2})U_{i,k-1}-b(x_i,y_k+\frac{h}{2})U_{i,k+1}] = f(x_i,y_k).
\end{aligned}
\tag{1.2-32}
$$

Nun ist ja das Einheitsquadrat $\bar{G}$ mit einem Gitter der Maschenweite h überzogen (Abb. 1.2-5), wobei die $U_{r,s}$ in den Punkten von Γ_h (in Abb. 1.2-5 durch "x" gekennzeichnet) bekannt sind, d.h. $U_{r,s} = \gamma(x_r,y_s)$, $(x_r,y_s)\epsilon\Gamma_h$. Wir können offenbar nh = 1, d.h. $h = \frac{1}{n}$ setzen. Die Größe des Gleichungssystems (1.2-32) hängt von der Wahl von n ab. Da wir ebenso viel Gleichungen wie Punkte von G_h erhalten, besitzt das Gleichungssystem genau

$$(n-1)^2$$

Gleichungen. Wählen wir etwa h = 0.01, was schon im allgemeinen zu einer hinreichend genauen Näherungslösung führt, so ist n = 100, und wir erhalten $99^2 = 9801$ Gleichungen, also in der Tat ein großes Gleichungssystem. Für $a(x,y) \equiv b(x,y) \equiv 1$ ergibt sich aus 1.2-32 wieder das Gleichungssystem (1.2-18).

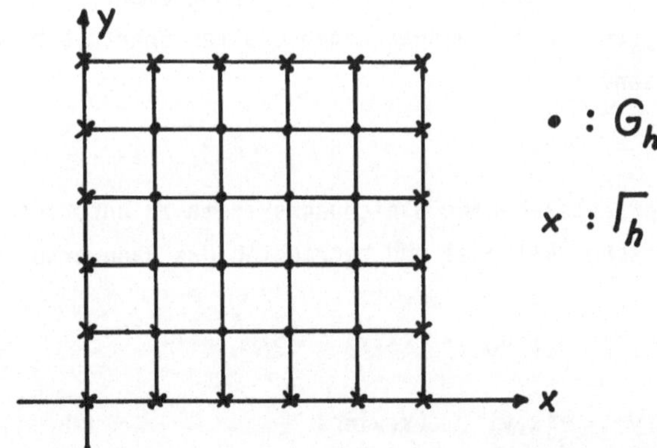

Abb. 1.2-5 Das Gitter G_h mit dem Rand Γ_h

Abschließend sei noch bemerkt, daß man auch Variationsprobleme durch Differenzenverfahren numerisch lösen kann. Eine Darstellung findet man in [23]. Wie wir in 1.1.3 gesehen haben, gibt es zu gewissen Variationsproblemen äquivalente Randwertprobleme und umgekehrt. Man macht sich diese Tatsache bei der Methode der Finiten Elemente zunutze. Hierauf wird noch ausführlich einzugehen sein.

1.2.4 EIGENSCHAFTEN DER DIFFERENZENGLEICHUNGEN. FEHLER

Wie wir gesehen haben, führen die betrachteten Differenzenapproximationen das vorgelegte Randwertproblem auf ein algebraisches Ersatzproblem zurück, nämlich auf ein großes lineares Gleichungssystem. Dieses ist zu lösen, und dabei erheben sich sofort die Fragen:

1. Besitzt das Gleichungssystem überhaupt Lösungen und wann gibt es genau eine Lösung.

2. Mit welchem numerischen Verfahren berechnet man zweckmäßigerweise die Lösung.

Auf beide Fragen wird später in 2. ausführlich eingegangen. Es wird sich nämlich zeigen, daß auch die Methode der Finiten Elemente auf ganz ähnliche große Gleichungssysteme mit analogen Eigenschaften führt. Dshalb können wir uns hier kurz fassen.

BEISPIEL 1.2-1

Um die Struktur der entstehenden Gleichungssysteme zu untersuchen, beginnen wir mit einem typischen Beispiel und betrachten das Randwertproblem

$$-\Delta_2 u := -u_{xx}-u_{yy} = f(x,y) \text{ in } G,$$

$$u(x,y) = \gamma(x,y) \ , \quad (x,y)\epsilon\Gamma .$$

Dabei sei G wieder das Einheitsquadrat in der oben beschriebenen Lage und wir verwenden mit $a(x,y) \equiv b(x,y) \equiv 1$ das Differenzenverfahren (1.2-32) mit $h = \frac{1}{4}$. Wegen $nh = 1$ heißt das in diesem Beispiel: $n = 4$. Natürlich muß n bei praktischen Rechnungen wesentlich größer gewählt werden, je nach Genauigkeitsanspruch etwa $n = 50$ bis $n \approx 500$. Wir erhalten dann aus (1.2-32) das Gleichungssystem

(1.2-33) $$\frac{1}{h^2}\left[4U_{i,k}-U_{i-1,k}-U_{i+1,k}-U_{i,k-1}-U_{i,k+1}\right] = f(x_i,y_k) \ ,$$

$$i,k = 1,2,3 \ .$$

Dieses System besteht also aus 9 Gleichungen in den 9 Unbekannten $U_{i,k}$, $i,k = 1,2,3$, die anderen auftretenden $U_{r,s}$ sind Randwerte, die wegen $U_{r,s} = \gamma(x_r,y_s)$, $(x_r,y_s)\in\Gamma_h$, bekannt sind.

Hier tritt die Frage auf, in welcher Reihenfolge man die $U_{i,k}$ als Komponenten des Lösungsvektors wählen soll. Wir wollen die Matrix des Gleichungssystems (1.2-33) mit A bezeichnen, ihre Gestalt hängt natürlich von der Wahl der Reihenfolge der $U_{i,k}$ ab. Aus noch zu erläuternden Gründen legen wir z.B. diese Reihenfolge wie folgt fest:
Der Lösungsvektor sei

(1.2-34) $$U := (U_{1,1},U_{2,1},U_{1,2},U_{3,1},U_{2,2},U_{1,3},U_{3,2},U_{2,3},U_{3,3})^T .$$

Man erhält diese Reihenfolge also, wenn man die Gitterpunkte wie in Abb. 1.2-6 in Diagonalen durchläuft.

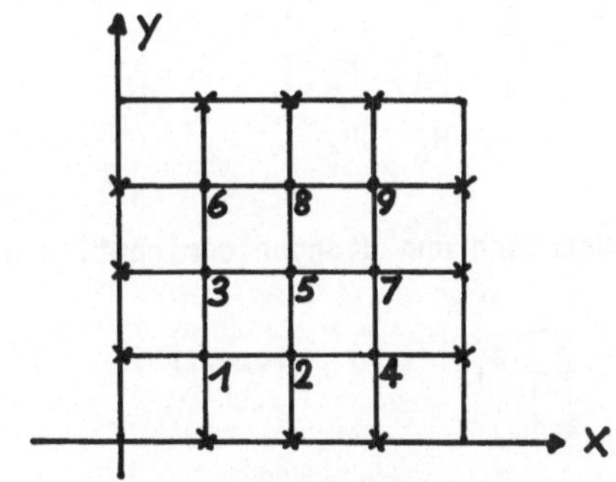

Abb. 1.2-6. Die Reihenfolge der $U_{i,k}$

Setzen wir noch

$$f := (f(x_1,y_1),f(x_2,y_1),\dots,f(x_3,y_3))^T ,$$

wobei wir die gleiche Reihenfolge einhalten, so bekommen wir das Gleichungssystem (1.2-33) in der Gestalt

$$AU = f$$

mit der Matrix

$$A = \begin{pmatrix} 4 & -1 & -1 & 0 & 0 & 0 & 0 & 0 & 0 \\ -1 & 4 & 0 & -1 & -1 & 0 & 0 & 0 & 0 \\ -1 & 0 & 4 & 0 & -1 & -1 & 0 & 0 & 0 \\ 0 & -1 & 0 & 4 & 0 & 0 & -1 & 0 & 0 \\ 0 & -1 & -1 & 0 & 4 & 0 & -1 & -1 & 0 \\ 0 & 0 & -1 & 0 & 0 & 4 & 0 & -1 & 0 \\ 0 & 0 & 0 & -1 & -1 & 0 & 4 & 0 & -1 \\ 0 & 0 & 0 & 0 & -1 & -1 & 0 & 4 & -1 \\ 0 & 0 & 0 & 0 & 0 & 0 & -1 & -1 & 4 \end{pmatrix}$$

Sie hat die Form einer "Block-Tridiagonalmatrix"

$$\begin{pmatrix} D_1 & H_1 & & & \\ H_1^T & D_2 & H_2 & & 0 \\ & H_2^T & D_3 & H_3 & \\ & & H_3^T & D_4 & H_4 \\ 0 & & & H_4^T & D_5 \end{pmatrix}$$

Außerdem ist sie symmetrisch und diagonaldominant, d.h.

$$|a_{ii}| \geqq \sum_{\substack{j=1 \\ j \neq i}}^{n} |a_{ij}| \ , \quad i = 1,\ldots,9 \ ,$$

wobei für i = 5 das Zeichen "=", für alle anderen i das Zeichen "<" steht. Schließlich gilt die Vorzeichenverteilung

$$a_{ii} > 0, \ a_{ij} \leqq 0, \ i \neq j, \ i,j = 1,\ldots,9.$$

Man kann zeigen, daß eine Matrix mit diesen Eigenschaften positiv definit ist. Gleichungssysteme mit solchen Matrizen können durch verschiedene Iterationsverfahren, aber auch mit direkten Verfahren, etwa dem von Cholesky, zuverlässig gelöst werden. Dazu trägt auch die gewählte Reihenfolge der $U_{i,k}$ wesentlich bei, die dazu führt, daß die Matrix "konsistent geordnet" ist. ■

Die beschriebene Reihenfolge der $U_{i,k}$ kann auch bei anderen Differenzenverfahren eingehalten werden. Dabei sei ausdrücklich erwähnt, daß dies jedoch für die Lösbarkeit der Gleichungssysteme nicht notwendig ist. So genügt es z.B. beim Cholesky-Verfahren schon, daß A symmetrisch und positiv definit ist. Verwendet man jedoch die genannte Reihenfolge, so erhält man bei der Lösung des Dirichletproblems in der Regel ein Gleichungssystem mit einer symmetrischen Block-Tridiagonalmatrix der Gestalt

$$(1.2\text{-}35) \qquad A = \begin{pmatrix} D_1 & H_1 & & & 0 \\ H_1^T & D_2 & H_2 & & \\ & \ddots & \ddots & \ddots & \\ & & H_{s-1}^T & D_{s-1} & H_{s-1} \\ 0 & & & H_{s-1}^T & D_s \end{pmatrix}.$$

Dabei sind die D_i Diagonalmatrizen der Gestalt

$$D_i = \begin{pmatrix} 4 & & 0 \\ & 4 & \\ 0 & & \ddots & \\ & & & 4 \end{pmatrix}, \quad i = 1,\dots,s.$$

Komplikationen können dabei durch Bestimmung der $U_{r,s}$ auf Γ_h durch lineare Interpolation auftreten.

Die Numerierung der $U_{i,k}$ hängt entscheidend von der Wahl des Verfahrens zur Lösung der entstehenden linearen Gleichungssysteme ab. So gibt es z.B. effiziente iterative Lösungsverfahren, für die eine Numerierung "von links unten nach rechts oben" zweckmäßig ist. Auf diese und damit zusammenhängende Fragen werden wir in 2. genauer eingehen.

Schwieriger ist oft der Fall der numerischen Lösung des Randwertproblems (1.2-21) mit $\beta(x,y) \neq 0$ zu behandeln. Da das gesamte zu lösende Gleichungssystem sich aus den Teilsystemen (1.2-18) und (1.2-27) zusammensetzt und Letzteres im allgemeinen nicht symmetrisch ist, so ist auch das Gesamtsystem in der Regel nicht symmetrisch. Dies hat Konsequenzen für die iterative oder direkte Lösung des Systems, wie später in 2. noch genauer ausgeführt wird.

Besitzen nun $\alpha(x,y)$ und $\beta(x,y)$ verschiedene Vorzeichen - was in der Praxis durchaus die Regel und auch mathematisch sinnvoll ist - so hat die Matrix $A = (a_{ij})$ des genannten gesamten Gleichungssystems die Eigenschaft der Diagonaldominanz, und es gilt überdies $a_{ii} > 0$, $a_{ij} \leqq 0$, $i \neq j$. Denn zunächst hat das Teilsystem (1.2-18) offenbar diese Eigenschaften. Nehmen wir ferner an, daß etwa $\alpha(x,y) \leqq 0$, $\beta(x,y) \geqq 0$ gilt (andernfalls multipliziere man (1.2-27) mit -1), so besitzt wegen $\rho_s(y) \geqq 0$, $\sigma_s(y) \geqq 0$ und (1.2-26), somit wegen

$$0 < \beta(x_r,y_s)-h\tau_s(y)\alpha(x_r,y_s) \geqq [\rho_s(y)+\sigma_s(y)]\beta(x_r,y_s)$$

das Teilsystem (1.2-27) ebenfalls die genannten Eigenschaften. Die Gesamtmatrix ist dann eine diagonaldominante L-Matrix und damit eine M-Matrix. Daraus folgt $\det A \neq 0$ und außerdem, daß das Gesamtsystem mit verschiedenen Verfahren sowohl iterativ als auch direkt gelöst werden kann. Auch hierauf wird in 2. noch einzugehen sein.

Abschließend wollen wir ganz kurz erörtern, wie groß der Fehler $|U_{i,k}-u(x_i,y_k)|$ zwischen dem Näherungswert $U_{i,k}$ und dem exakten Lösungswert $u(x_i,y_k)$, $(x_i,y_k)\in G_h$, ist. Diese Frage ist jedoch nicht einfach und generell zu beantworten.

Der einfachste Fall liegt beim Dirichletproblem vor, wenn alle Punkte von Γ_h außerdem auf Γ liegen, d.h. $\Gamma_h \subset \Gamma$. Man kann dann mit einiger Mühe zeigen, daß der genannte Fehler proportional zu h^2 ist. Dies bedeutet auch, daß bei fortlaufender Verkleinerung von h, d.h. bei fortlaufender Verfeinerung des Gitters $\overline{G}_h$, der Fehler wie h^2 gegen Null strebt. Das gleiche gilt, wenn beim Dirichletproblem die Werte $U_{r,s}$ auf Γ_h durch lineare Interpolation bestimmt werden.

In allen anderen Fällen ist der Fehler proportional zu h^p, $1 \leqq p \leqq 2$, wobei die genaue Größe von p entscheidend von dem konkreten Fall abhängt. Da die Untersuchungen hierfür jedoch schon von beträchtlichem mathematischen Schwierigkeitsgrad sind, können wir hierauf nicht eingehen. In allen Fällen ist auch der Proportionalitätsfaktor von h^2 bzw. h^p nicht oder nur sehr ungenau berechenbar.

ÜBUNGEN ZU 1.2

Ü1.2.1

Die folgenden Werte hat man mit dem Standard-Differenzenverfahren zur numerischen Lösung von $\Delta_2 u = 0$ (mit geeigneten Randbedingungen) erhalten:

200	201	202	203	204
206	a	b	c	206
211	211	211	210	209

(Gitterweite h)

Welche Werte errechnen sich für a,b,c?

Ü1.2.2

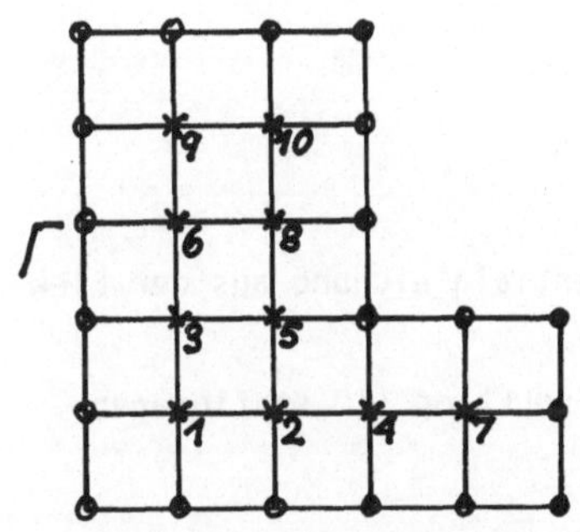

a) Das Randwertproblem

$-\Delta u = \psi(x,y)$ in G ,

$u = 0$ auf Γ

soll mit dem Standard-Differenzenverfahren numerisch gelöst werden. Man stelle für die nebenstehende Konfiguration das lineare Gleichungssystem auf.

(In den Randpunkten ● ist $u = 0$, die diskrete Näherung wird in den Punkten x in der angegebenen Reihenfolge gesucht)

b) Man wähle eine andere "unsinnige" Numerierung der Punkte von G_h und stelle wieder das Gleichungssystem auf. Wie ändert sich die "Bandbreite"?

1.3 FINITE ELEMENTE - EINFÜHRUNG

Vorbemerkung

Die Methode der Finiten Elemente hat ihren Durchbruch in mechanischen Anwendungsbereichen gefunden, so z.B. in der Festigkeitslehre. Von daher haben sich einige Bezeichnungsweisen ("Massenmatrix", "Steifigkeitsmatrix" etc.) eingebürgert, auch wenn inzwischen wesentlich mehr Anwendungsgebiete von der Methode profitieren. Unsere Einführung ist auch auf einfache Beispiele aus der Mechanik aufgebaut und verwendet teilweise deren Begriffe. Es sollte jedoch nicht vergessen werden, daß die hier beschriebenen Methoden genauso auf andere technische Probleme angewandt werden können, wenn die mathematischen Voraussetzungen gleich sind.

BEISPIEL:

In Abschnitt 1.1 war die Differentialgleichung angegeben, die die Torsion eines Stabes beschreibt (1.1-4):

$$-\frac{\partial}{\partial x}(g\cdot u_x)-\frac{\partial}{\partial y}(g\cdot u_y)-2\omega G = 0 .$$

Gesucht ist die Schubspannungsfunktion u.

Zum Vergleich betrachten wir eine einfache Differentialgleichung aus der Elektrotechnik:

Die Maxwell'schen Gleichungen zur Berechnung der Induktion (im stationären Fall ohne Magnetisierung) lauten

$$\text{rot}\left(\frac{1}{\mu}\,\text{rot}\vec{A}\right) = \vec{J} . \tag{1.3-1}$$

Hier bedeuten:

$\vec{A}$: Vektorpotential für die Induktion $\vec{B}$; $\text{rot}\vec{A} = \vec{B}$,

$\vec{J}$: Stromdichte,

μ : Permeabilität.

In einem einfachen Spezialfall (2 Dimensionen, kartesische Koordinaten, isotropes Material) erhält man hieraus:

$$-\frac{\partial}{\partial x}\left(\frac{1}{\mu}\frac{\partial A}{\partial x}\right)-\frac{\partial}{\partial y}\left(\frac{1}{\mu}\frac{\partial A}{\partial y}\right) = J . \tag{1.3-2}$$

(Von den Vektoren $\vec{A}$ bzw. $\vec{J}$ wird nur noch je eine Komponente benötigt.)

Diese Gleichung unterscheidet sich formal nicht von (1.1-4): Sie ist von 2. Ordnung, elliptisch und quasilinear (die Permeabilität kann vom Ort und von B abhängen); im Spezialfall μ = const reduziert sie sich (wie 1.1-4 im Falle g = const) auf die Laplace-Gleichung. ■

Man sieht an diesem Beispiel, daß physikalisch völlig verschiedenartige Probleme auf gleichartige mathematische Formulierungen (hier: Differentialgleichungen) führen können. Das hat zur Konsequenz, daß ihre Berechnungen (natürlich nicht das Aufbereiten der Daten, die Berechnung von abgeleiteten Größen oder die Ausgabe) im wesentlichen vom gleichen Computerprogramm bewältigt werden könnten, wenn die Variablen unbenannt oder uminterpretiert würden.
Um diesen Aspekt nicht aus den Augen zu verlieren, sollen die im folgenden erörterten Methoden in Abschnitt 1.6.4 noch einmal anhand eines Beispiels zur Feldberechnung in der Magnetostatik demonstriert werden.

1.3.1 PRINZIP DER ENERGIEMINIMIERUNG - RITZVERFAHREN

In der Mechanik hat ein statisch bestimmtes System die Eigenschaft, daß im stationären Zustand seine Gesamtenergie minimal wird. Dieses Prinzip kann man benutzen, um den stationären Zustand zu ermitteln. Dazu führen wir zwei Beispiele an:

<u>BEISPIEL 1</u>
Es soll bestimmt werden, wie weit die Trosse einer Seilbahn durchhängt (oder daraus abzuleiten: Wie groß die maximale Zugspannung wird). Stark vereinfacht kann man die Energie W des Systems ausdrücken durch

$$W = \int_0^1 \frac{1}{2} E(x)A(x)(u'(x))^2 dx - \int_0^1 f(x)u(x)dx =: W_{def} - W_a. \tag{1.3-3}$$

(Die zugehörige Differentialgleichung lautet:

$$-(E(x)\cdot A(x)u'(x))' = f(x). \quad)$$

Dazu kommen noch die Randbedingungen

$$u(0) = 0 = u(1).$$

Hier bedeuten:

u(x) : Auslenkung der Trosse,

E(x) : Elastizitätsmodul der Trosse,

A(x) : Querschnitt der Trosse,

f(x) : (differentielle) äußere Kraft, hier das Gewicht von Trosse und Gondel.

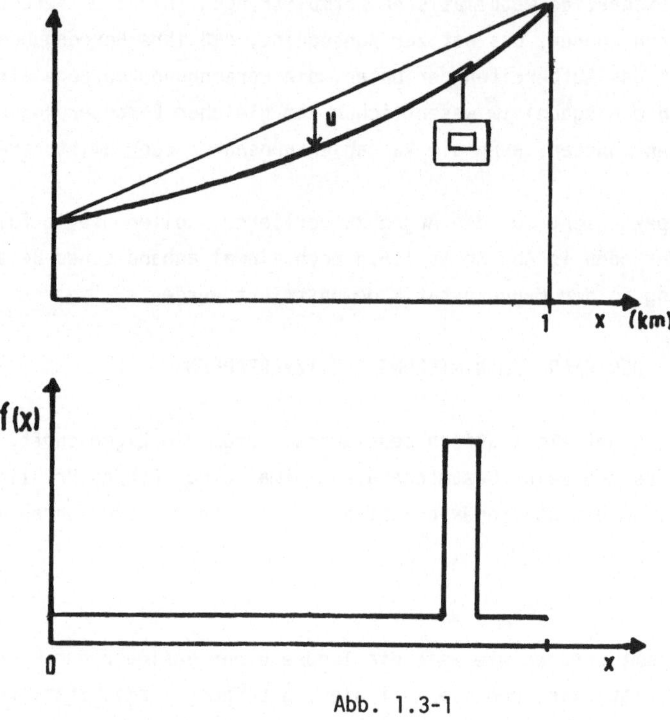

Abb. 1.3-1

Gesucht ist hier die Auslenkung u(x), die die Randbedingungen erfüllt und die Energie W minimiert. ■

BEISPIEL 2

Ein Kranausleger kann vereinfacht als Stabwerk beschreiben werden. Wir interessieren uns für die Deformation, und damit für die auftretenden Zug- und Druckspannungen, unter einer Last F. Der Kran ist rechts an einem Lager befestigt, das System ist somit statisch bestimmt. Auch hier gilt im stationären Zustand für die Energie:

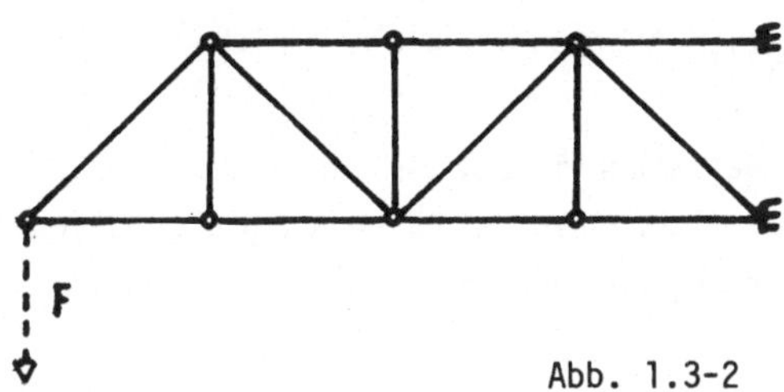

Abb. 1.3-2

W := Deformationsenergie - Potential der äußeren Kraft = min. ■

Das Berechnen der Energie kann im Einzelfall Schwierigkeiten bereiten; man ist deshalb auf Vereinfachungen und somit auf die nur näherungsweise Minimierung angewiesen. So kann man etwa bei Beispiel 2 annehmen, daß die Stäbe nur vernachlässigbar kleine Biegesteifigkeiten vermitteln. Im Modell nimmt man dazu an, daß sie gelenkig gelagert bzw. verbunden sind. Man kann dann die Deformationsenergie zerlegen in Einzelenergien der Stäbe, die jetzt nur durch Zug- bzw. Druckspannungen gegeben sind. Die zugrundeliegenden mechanischen Gesetze werden also auf diese Art vereinfacht.
Zusätzlich kann man annehmen, daß die Verschiebungsableitungen der Stäbe im Vergleich zu ihrer Länge klein sind, daß sie also im wesentlichen ihre ursprüngliche Richtung beibehalten. Man spricht hier von geometrischer Linearisierung.
Mit den so beschriebenen Vereinfachungen läßt sich das Stabwerk leicht berechnen. Das soll im nächsten Abschnitt anhand eines ähnlichen Beispiels vorgeführt werden. Bei Beispiel 1 bietet es sich an, anstatt unter allen möglichen Auslenkungen u(x) nur unter "einfachen" Funktionen nach einem Energieminimum zu suchen, z.B. nur unter Polynomen. Natürlich erhält man so nur eine Approximation für die gesuchte Auslenkung.

Die so beschriebene Vorgehensweise heißt Ritz-Verfahren. Wir wollen sie im folgenden etwas allgemeiner beschreiben. Dazu setzen wir zunächst voraus, daß u(x) im Intervall [0,1] gesucht wird und die Auslenkung an beiden Enden 0 ist.

Vorgehensweise:

1. Man versucht, sich eine Approximation U(x) der Auslenkung u(x) aus einfachen Funktionen zusammenzubauen. Genauer macht man den Ansatz

(1.3-4) $$U(x) = \sum_{j=1}^{n} \alpha_j \psi_j(x) .$$

Die Funktionen $\psi_j(x)$ heißen Basisfunktionen; bei ihrer Wahl ist darauf zu achten, daß sie die gegebenen (homogenen) Randbedingungen erfüllen (für andere Randbedingungen s. Bemerkung am Ende dieses Abschnitts).

2. Die Energiegleichung für U(x) wird aufgestellt:

(1.3-5) $$W = \int_0^1 \frac{1}{2} E(x)A(x)\Big(\sum_{j=1}^{n}\alpha_j \psi_j'(x)\Big)^2 dx - \int_0^1 f(x)\Big(\sum_{j=1}^{n}\alpha_j \psi_j(x)\Big)dx .$$

Man erhält so einen quadratischen Ausdruck für die Parameter α_j:

$$W = \frac{1}{2}\alpha^T S\alpha - \alpha^T b ,$$

wobei $\alpha := (\alpha_1,\dots,\alpha_n)^T$.

S ist eine nxn-Matrix, die sich aus Einzelbeiträgen (der "virtuellen Arbeit") der Ansatzfunktionen ergibt:

(1.3-6)
$$S = (s_{i,j})_{i,j=1,\dots,n} \quad \text{mit } s_{i,j} = \int_0^1 E(x)A(x)\psi_i'(x)\psi_j'(x)dx ,$$
$$b = (b_i)_{i=1,\dots,n} \quad \text{mit } b_i = \int_0^1 f(x)\psi_i(x)dx .$$

S heißt Steifigkeitsmatrix, b Lastvektor.

3. Die noch freien Parameter α_j (Freiheitsgrade) müssen jetzt so bestimmt werden, daß die Energie minimal wird. Notwendig hierfür ist, daß die partiellen Ableitungen der Energiegleichung nach diesen Freiheitsgraden verschwinden:

$$\frac{\partial}{\partial\alpha_i}(W(\alpha_1,\dots,\alpha_n)) \overset{!}{=} 0 \qquad \text{für } i = 1,\dots,n .$$

Man erhält so n lineare Gleichungen, die sich zu einem System zusammenfassen lassen. Dies nimmt gerade die Form

$$S\alpha = b$$

an.

4. Das Gleichungssystem muß gelöst werden. Man erhält dann die gesuchten Parameter α_j und somit die Näherungslösung U(x).

Das System hat folgende Eigenschaften:

1. Die Matrix S ist symmetrisch: $s_{i,j} = s_{j,i}$.

2. Bei vernünftiger Wahl der Ansatzfunktionen (mathematisch ausgedrückt, wenn sie "linear unabhängig" sind) ist die Matrix S positiv definit, d.h. $\alpha^T S\alpha > 0$ für alle Vektoren $\alpha \neq 0$.
Mechanisch bedeutet dies gerade, daß bei statisch bestimmten Problemen eine Auslenkung aus der Ruhelage einen Zuwachs an Deformationsenergie liefert. Mathematisch wird dadurch sichergestellt, daß an der errechneten Stelle auch ein eindeutiges Minimum vorliegt.

Wir sind bisher beim Ritz-Verfahren davon ausgegangen, daß die gesuchte Funktion u(x) am Rande verschwindet. Sind andere Dirichlet-Randbedingungen vorgegeben, so kann man sich leicht behelfen:
a) Man kann die Energiegleichung so transformieren, daß hier nur eine Funktion mit homogenen Randbedingungen auftritt, i.a. ändert sich dann die Last f(x).

BEISPIEL:
Wir gehen aus von der Differentialgleichung

$$-u''+u = f(x) \text{ mit } u(0) = 0,\ u(1) = 1$$

die zugehörige Energiegleichung ergibt sich dann wie in Abschnitt 1.1, und wir setzen

$$v(x) := u(x)-x\ .$$

Dann erfüllt v(x) die Differentialgleichung

$$-v''+v = f(x)-x \text{ mit } v(0) = 0,\ v(1) = 0\ . \qquad ■$$

b) Man ändert den Ritz-Ansatz zu

(1.3-7) $$U(x) = \psi_0(x)+\sum_{j=1}^{n}\alpha_j\psi_j(x).$$

Hierbei soll ψ_0 die gegebenen Randbedingungen erfüllen, die übrigen Ansatzfunktionen jeweils homogene Randbedingungen. Es ist klar, daß dann U(x) automatisch die gegebenen Randbedingungen erfüllt.

Um die Behandlung von Neumannschen Randbedingungen (s. Beispiel 1.1-11) zu untersuchen, betrachten wir zunächst das folgende Beispiel:

BEISPIEL:
Gesucht ist die Funktion u(x) mit

$$\int_0^1 \{\frac{1}{2}(u'(x)^2-f\cdot u(x)\}dx = \min$$

mit nur einer Randbedingung: u(0) = 0.
Der Einfachheit halber soll f konstant sein.
Durch den Ansatz

$$u(x) = ax^2+bx$$

erhält man

$$u(x) = -\frac{f}{2}x^2+f\cdot x ,$$

also an den Rändern:

1. u(0) = 0 , 2. u'(1) = 0 .

Man stellt fest: In dem Randpunkt, in welchem man keine Randbedingung gestellt hat, erfüllt die Lösung dennoch automatisch eine gewisse Bedingung. Hätte man 2. andererseits als 2. Randbedingung gestellt, so wäre sie alleine aufgrund der Minimierung der Energie automatisch durch die Lösung erfüllt worden. ■

Die Beobachtung aus dem Beispiel gilt allgemeiner:
Es gibt Randbedingungen, die schon in der Formulierung des Variationsproblems implizit erfaßt sind und welche die Lösung automatisch auf dem Teil des Randes erfüllt, auf dem keine anderen Bedingungen gefordert sind. Man nennt deshalb erstere oft natürliche Randbedingungen. Sie treten, wie auch in unserem

Beispiel, meist als Neumann-Bedingungen auf. Sie sind zu unterscheiden von den geometrischen Randbedingungen oder Zwangsbedingungen, deren einfachste Version reine Dirichlet-Bedingungen sind. (Vgl. auch Abschnitt 1.1.3!)

Die Güte des Ritz-Verfahrens hängt jetzt im wesentlichen von zwei Faktoren ab:

a) Wie gut kann durch den Ansatz $U(x) = \sum_{j=1}^{n} \alpha_j \psi_j(x)$ die gesuchte Auslenkung u(x) approximiert werden?
b) Ist das entstehende Gleichungssystem effizient aufzustellen und zu lösen?

Zwei Möglichkeiten zur Wahl der Ansatzfunktionen sind etwa:

a) Man setzt U(x) als Polynom über dem gesamten Intervall an:

$$\psi_i(x) = x^i \ .$$

Es stellen sich dann allerdings einige Fragen, z.B.:
- wie sind die Randbedingungen zu erfüllen?
- wie kann man "Unebenheiten" (beim Seibahnbeispiel die Unstetigkeit der Last f) adäquat berücksichtigen?
  Beide Schwierigkeiten werden im 2-dimensionalen Fall noch gravierender. Weiterhin muß berücksichtigt werden:
- die entstehenden Matrizen für die Gleichungssysteme sind i.a. voll besetzt (Speicherbedarf!).
- die Matrizen werden mit wachsendem n extrem schlecht konditioniert, so daß eine eventuell gewünschte Verbesserung der Genauigkeit nicht erreicht werden kann. Die Gleichungen könne sogar "numerisch unlösbar" werden.

BEISPIEL:
Als Konditionszahlen der Steifigkeitsmatrizen für das Seilbahnbeispiel mit polynomialen Ansatzfunktionen errechnet man:

n	3	4	5	6	8
cond (S_n)	1.7×10^2	3.4×10^3	7.3×10^4	1.7×10^6	10^9

Auf die Bedeutung der Kondition wird im 2. Teil noch einmal eingegangen. ■

b) Man wählt "Dachfunktionen" als Ansatzfunktionen: Dabei zerstückelt man das gegebene Intervall (hier [0,1]) in Teilintervalle der Länge $h = \frac{1}{n+1}$ und setzt:

$$\psi_1(x) = \begin{cases} \frac{x}{h} & \text{für} \quad 0 \leqq x < h \\ 2-\frac{x}{h} & \text{für} \quad h \leqq x < 2h \\ 0 & \text{für} \quad x \geqq 2h \end{cases} \tag{1.3-8}$$

Die anderen Funktionen ergeben sich durch Verschieben:

$$\psi_2(x) = \psi_1(x-h), \ldots, \psi_i(x) = \psi_1(x-(i-1)h)$$

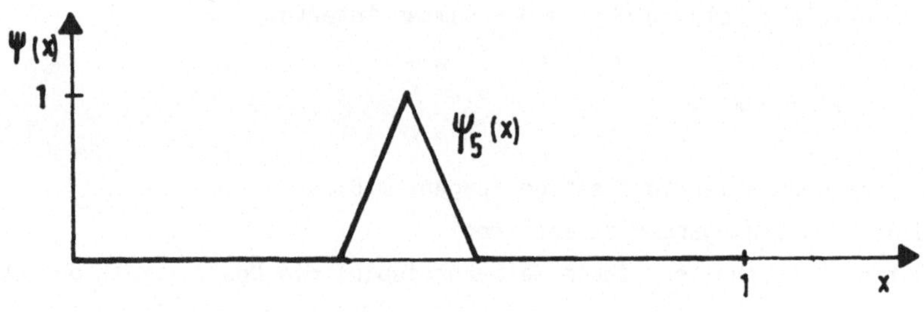

Abb. 1.3-3

Eine Funktion $V(x) = \sum_{j=1}^{n} \alpha_j \psi_j(x)$ hat dann folgende Form:

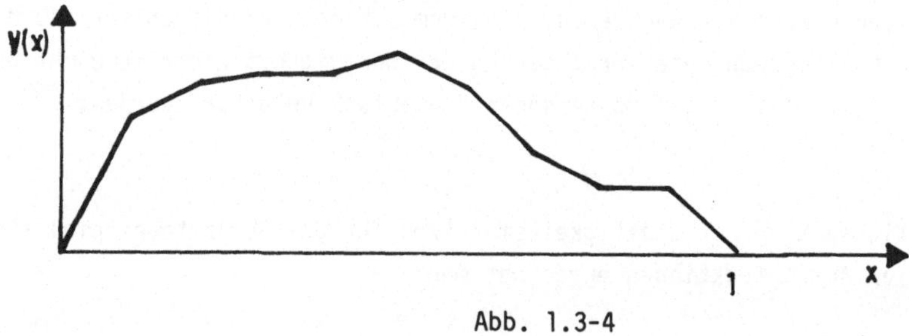

Abb. 1.3-4

$V(x)$ ist also stückweise linear und $V(i \cdot h) = \alpha_i$. (Die beim Ritz-Verfahren berechneten Parameter α_i können somit direkt als Funktionswerte der gesuchten Funktion gedeutet werden.)

Die unter a) genannten Probleme treten hier nicht auf:

- Die Randbedingungen sind ohne Schwierigkeiten zu erfüllen, homogene sind im vorliegenden Fall sogar automatisch erfüllt.
- Die Zerstückelung des Intervalls kann an die gegebenen Verhältnisse angepaßt werden; so kann z.B. im obigen Fall die Länge der Teilintervalle unterschiedlich sein, die Basisfunktionen müssen dazu nur geringfügig geändert werden.
- Da die Basisfunktionen nur jeweils über einem kleinen Teilbereich von Null verschieden sind (sie haben "kompakten Träger"), sind die entstehenden Matrizen tridiagonal und nicht so schlecht konditioniert wie bei a).

BEISPIEL:

Als Konditionszahlen der Steifigkeitsmatrizen S_n für das Seilbahnbeispiel bei Dachfunktionen (in Abhängigkeit von n) errechnet man

n	5	10	100	1000	100000
$\approx$ cond (S_n)	10	40	$4\cdot10^3$	$4\cdot10^5$	$4\cdot10^7$

■

Abschließend soll noch kurz angemerkt werden, wie stark sich die durch das Ritzverfahren berechnete Auslenkung U(x) von der theoretischen Funktion u(x) höchstens unterscheidet.

Wir gehen wieder aus von unserer Energiegleichung

$$W(u) = \int_a^b \{\tfrac{1}{2}C(x)(u'(x))^2 - f(x)u(x)\}\,dx = \min$$

oder, was gleichbedeutend ist, von der Differentialgleichung

$$-(C(x)u'(x))' = f(x) \quad \text{mit} \quad u(a) = u(b) = 0.$$

Dabei sei u(x) die gesuchte Lösung,
U(x) die durch das Ritz-Verfahren berechnete Näherungslösung,

Dann gilt

(1.3-9) $$|u-U| \leq \frac{\sqrt{b-a}}{\min\sqrt{C(x)}}\,\frac{h}{2}(\max|u''(x)|)\ .$$

Wenn man also eine Vorinformation über die maximal auftretende Krümmung hat, kann man den Fehler auch zahlenmäßig abschätzen. Man sieht hier, daß das Ergebnis genauer wird, wenn die Feinheit der Unterteilung h verkleinert wird.

1.3.2 EIN EINFACHES BEISPIEL AUS DER FESTIGKEITSLEHRE

An einem Stabwerk greift eine Kraft an. Wir interessieren uns für die Verschiebungen der einzelnen Stäbe und die auftretenden Zug- und Druckspannungen.

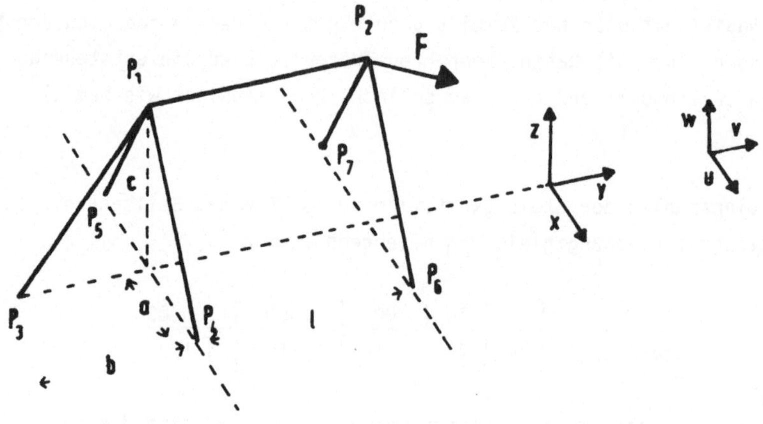

Abb. 1.3-5

$p_i = (x_i,y_i,z_i)$ bezeichnet die Koordinaten eines Stabendes,
$a := (u_i,v_i,w_i)$ seine Verschiebung. (Alle Stäbe haben die Länge ℓ.)

Es sei vorausgesetzt,

- daß die Stäbe keine Biegesteifigkeiten vermitteln,
- daß die Zug- bzw. Druckspannungen einem linearen Elastizitätsgesetz (Hooke'sches Gesetz) genügen,
- daß die Verschiebungsableitungen klein sind im Vergleich zur Länge der Einzelstäbe.

Wir gehen wieder aus vom Prinzip der Energieminimierung:

$$W = W_{def} - W_a = \min$$

1. Die Deformationsenergie wird zunächst aufgeteilt in die Energiebeiträge der Einzelstäbe: Für den Stab von P_i nach P_j gilt

(1.3-10) $$W_{i,j} = \frac{1}{2} EA \int_0^{\ell} (\hat{u}'(t))^2 dt \ .$$

Hierbei beideuten: E: Elastizitätsmodul des Stabes,
A: Querschnitt des Stabes,
$\hat{u}(t)$: Verschiebung des Stabes an der Stelle t in Richtung des Stabes.

Nimmt man an, daß die Auslenkung $\hat{u}(t)$ im Stab linear zunimmt, wählt also für $\hat{u}(t)$ eine lineare Ansatzfunktion, so erhält man

(1.3-11) $$W_{i,j} = \frac{1}{2} \frac{EA}{\ell} (\hat{u}_i - \hat{u}_j)^2 = \frac{1}{2} \frac{EA}{\ell} (\hat{u}_i^2 - 2\hat{u}_i \hat{u}_j + \hat{u}_j^2) \ .$$

Die Defomationsenergie läßt sich also allein durch die Verschiebung der Stabenden beschreiben.

Die Gleichung (1.3-14) läßt sich schreiben in der Form

(1.3-12) $$W_{i,j} = \frac{1}{2} \begin{pmatrix} \hat{u}_i \\ \hat{u}_j \end{pmatrix}^T \hat{S}_{ij} \begin{pmatrix} \hat{u}_i \\ \hat{u}_j \end{pmatrix} \text{ mit } \hat{S}_{ij} = \frac{EA}{\ell} \begin{pmatrix} 1 & -1 \\ -1 & 1 \end{pmatrix} .$$

An dieser Schreibweise stören noch die Ausdrücke $\hat{u}_i$, weil damit die Verschiebungen in Stabrichtung, nicht aber in den Richtungen des Koordinatensystems beschrieben sind; $\hat{u}_i$ muß also noch durch den Verschiebungsvektor $a_i := (u_i, v_i, w_i)^T$ in kartesischen Koordinaten ausgedrückt werden:

(1.3-13) $$\hat{u}_i = c_x u_i + c_y v_i + c_z w_i \quad , \quad \text{analog für } \hat{u}_j \ ,$$
$$\text{mit } c_x = \frac{x_j - x_i}{\ell} \ ; \quad c_y = \frac{y_j - y_i}{\ell} \ ; \quad c_z = \frac{z_j - z_i}{\ell}$$

Setzt man diese Ausdrücke in die Energiegleichung ein, so erhält man:

(1.3-14) $$W_{i,j} = \frac{1}{2} \frac{EA}{\ell} \begin{pmatrix} u_i \\ v_i \\ w_i \\ u_j \\ v_j \\ w_j \end{pmatrix}^T \cdot \begin{pmatrix} B_{ij} & -B_{ij} \\ -B_{ij} & B_{ij} \end{pmatrix} \cdot \begin{pmatrix} u_i \\ v_i \\ w_i \\ u_j \\ v_j \\ w_j \end{pmatrix} := \frac{1}{2} \begin{pmatrix} a_i \\ a_j \end{pmatrix}^T S_{ij} \begin{pmatrix} a_i \\ a_j \end{pmatrix}$$

$$\text{(1.3-15)} \qquad \text{mit } B_{ij} = \begin{pmatrix} c_x^2 & c_x c_y & c_x c_z \\ c_x c_y & c_y^2 & c_y c_z \\ c_x c_z & c_y c_z & c_z^2 \end{pmatrix} .$$

Die 6x6-Matrix S_{ij} heißt Elementsteifigkeitsmatrix.

Die Deformationsenergie eines Stabes wird also jetzt ausgedrückt durch die Verschiebung der Stabenden und durch die Matrix S_{ij}.

BEISPIEL:

Die Deformationsenergie des Stabes (P_1-P_3) soll beschrieben werden. Hier gilt:

$$c_x = \frac{x_3 - x_1}{\ell} = 0; \quad c_y = \frac{y_3 - y_1}{\ell} = -\frac{b}{\ell}; \quad c_z = -\frac{c}{\ell};$$

also $\hat{u}_1 = -\frac{b}{\ell} v_1 - \frac{c}{\ell} w_1$; $\hat{u}_3 = -\frac{b}{\ell} v_3 - \frac{c}{\ell} w_3$;

$$W_{1,3} = \frac{1}{2}\frac{EA}{\ell} \begin{pmatrix} u_1 \\ v_1 \\ w_1 \\ u_3 \\ v_3 \\ w_3 \end{pmatrix} \begin{pmatrix} B_{1,3} & -B_{1,3} \\ -B_{1,3} & B_{1,3} \end{pmatrix} \begin{pmatrix} u_1 \\ v_1 \\ w_1 \\ u_3 \\ v_3 \\ w_3 \end{pmatrix}$$

$$\text{mit } B_{1,3} = \begin{pmatrix} 0 & 0 & 0 \\ 0 & \frac{b^2}{\ell^2} & \frac{bc}{\ell^2} \\ 0 & \frac{bc}{\ell^2} & \frac{c^2}{\ell^2} \end{pmatrix} .$$

Natürlich könnte man $S_{i,j}$ hier auf eine 4x4-Matrix schrumpfen lassen. ■

2. Die Gesamtsteifigkeitsmatrix S kann nun aus den einzelnen Elementsteifigkeitsmatrizen zusammengesetzt werden. Entsprechend der Anzahl der Freiheitsgrade, nämlich 3 je Knoten, hat sie die Dimension 21x21. Jede Elementsteifigkeitsmatrix liefert nur in je 6 Zeilen und 6 Spalten einen Beitrag zur Gesamtmatrix.

3. Potential der äußeren Kräfte.

In unserem Beispiel tritt nur eine äußere Kraft auf, nämlich F_2 mit den Komponenten F_{2x}, F_{2y}, F_{2z}, die am Punkt P_2 angreift. Ihre potentielle Energie ist also

$$u_2 \cdot F_{2x} + v_2 \cdot F_{2y} + w_2 \cdot F_{2z} \ .$$

Bezeichnet man jetzt mit u den Vektor aller Verschiebungen:
$u := (u_1, v_1, w_1, u_2, \ldots, u_7, v_7, w_7)^T$, und mit F den Vektor aller Kraftkomponenten an allen Punkten, der in unserem Fall nur 3 von 0 verschiedene Komponenten besitzt, so erhält man für die Gesamtenergie den Ausdruck

$$W = \frac{1}{2} u^T S u - u^T F.$$

Sie nimmt ein Minimum an, falls die partiellen Ableitungen nach den Freiheitsgraden u_i, v_i, w_i verschwinden, falls also gilt

$$Su = F \ .$$

Dies ist ein lineares Gleichungssystem für die Verschiebungen u_i, v_i, w_i, welches allerdings nicht eindeutig lösbar ist. Mechanisch ist das einsichtig: Solange noch kein Punkt P_i befestigt ist, gibt es natürlich keinen eindeutig bestimmten stationären Zustand. Das ändert sich, wenn man Randbedingungen berücksichtigt.

4. Berücksichtigung der Randbedingungen.

Die Punkte $P_3, \ldots, P_7$ sollen fest veränkert sein, d.h. die Verschiebungen u_3, $v_3, w_3, u_4, \ldots, u_7, v_7, w_7$ sind 0. Man kann dann in der Matrix des Gleichungssystems alle zugehörigen Zeilen und Spalten streichen. Eigentlich hätte man im Ausdruck für die Energie nur nach den freien, nicht durch Randbedingungen festgelegten, Parametern ableiten dürfen. Dies bewirkt dasselbe wie das nachträgliche Streichen von unnötigen Zeilen und Spalten. Übrig bleibt also ein Gleichungssystem mit 6 Unbekannten, entsprechend den tatsächlichen 6 Freiheitsgraden $(u_1, v_1, w_1, u_2, v_2, w_2)$ des Stabwerkes. Es lautet:

$$\begin{pmatrix} 2a^2 & 0 & 0 & 0 & 0 & 0 \\ 0 & b^2+\ell^2 & bc & 0 & -\ell^2 & 0 \\ 0 & bc & 2c^2 & 0 & 0 & 0 \\ 0 & 0 & 0 & 2a^2 & 0 & 0 \\ 0 & -\ell^2 & 0 & 0 & \ell^2 & 0 \\ 0 & 0 & 0 & 0 & 0 & 2c^2 \end{pmatrix} \begin{pmatrix} u_1 \\ v_1 \\ w_1 \\ u_2 \\ v_2 \\ w_2 \end{pmatrix} = \begin{pmatrix} 0 \\ 0 \\ 0 \\ F_x \\ F_y \\ F_z \end{pmatrix} .$$

Als Lösung erhält man schließlich

$$u_1 = 0; \qquad v_1 = F_y \frac{\ell^3}{b^2 EA}; \qquad w_1 = -\frac{b}{2c} v_1;$$

$$u_2 = F_x \frac{\ell^3}{2a^2 EA}; \qquad v_2 = \frac{b^2}{\ell^2} v_1; \qquad w_2 = F_z \frac{\ell^3}{2c^2 EA}.$$

1.3.3 ZUSAMMENFASSUNG

Die gesuchten physikalischen Größen eines Systems, etwa Verschiebung, Verdrillung, Auslenkung, Spannung bei mechanischen Problemen, aber auch Strömung, Wärmefluß etc. in Problemen aus anderen Bereichen der Physik, genügen oft einem Extremalprinzip, d.h. die Energie wird im stationären Zustand etwa minimal. Die Methode der Finiten Elemente leitet daraus Bestimmungsgleichungen für Näherungen dieser Größe ab.
Die Gesamtenergie kann hierbei vereinfacht berechnet werden, indem man

a) sie in Teilenergien, etwa über Teilsysteme, aufteilt. Solch eine Aufteilung ist oft schon durch das Problem selbst gegeben (vgl. 1.3.2). In der mathematischen Formulierung über das Ritz-Verfahren äußert sich das in der Wahl von Ansatzfunktionen mit kleinem Träger. Zu beachten ist hierbei, daß an den Schnittstellen keine oder nur vernachlässigbar wenig Energie übersehen wird. Man nennt dies das Problem der Konformität.

b) den physikalischen Zusammenhang zwischen den gesuchten physikalischen Größen und der Energie vereinfacht. Im Ritz-Ansatz bedeutet das, daß man nur "einfache", z.b. stückweise lineare, Ansatzfunktionen zuläßt.

Beide Vereinfachungen können auch parallel verwendet werden.
Man erhält so ein Gleichungssystem für die gesuchten physikalischen Größen in einzelnen ausgezeichneten Punkten (Knoten) des Systems und somit eine Approximation für das Gesamtsystem.
Die Methode der Finiten Elemente hat zwei in der Praxis sehr angenehme Eigenschaften:

a) Flexibilität
Änderungen im Grundaufbau oder in den Einzelkomponenten des Systems, etwa bezüglich einzelner Materialkonstanten oder Abmessungen, können ohne großen

Aufwand in ein vorhandenes Berechnungsschema eingebracht werden. In einem Programm bedeutet dies die Änderung von Datensätzen.

b) Berechenbarkeit
Die entstehenden Gleichungssysteme sind schwach besetzt, positiv definit und symmetrisch. Ihre Lösung kann bei geringem Speicherbedarf mit besonders effizienten Verfahren erfolgen (vgl. Kap. 2).

ÜBUNGEN ZU 1.3

Ü1.3.1

Das Problem

$$E\cdot A\int_0^1 ((u'(x))^2-f(x)u(x))dx \to \min \qquad (u(0) = 0 = u(1))$$

soll durch einen Ritz-Ansatz gelöst werden.
(Die Gleichung ergibt sich, wenn man bei Beispiel 1 Elastizitätsmodul und Durchmesser der Trosse als konstant annimmt.)

a) Hier 2 Sätze von Ansatzfunktionen:

1. $\psi_1(x) = x; \quad \psi_2(x) = x^2; \quad \psi_3(x) = x^3$.
2. $\psi_1(x) = x(x-1); \quad \psi_2(x) = x^2(x-1); \quad \psi_3(x) = x^3(x-1)$.

Welcher ist dem Problem angemessen und warum?

b) Man berechne eine Zeile der Steifigkeitsmatrix zum richtigen Satz von Ansatzfunktionen aus a):

$$s_{ij} = \int_0^1 \psi_i'\psi_j' dx$$

c) Man verwende folgende Ansatzfunktionen:

$$\psi_1(x) = \begin{cases} \frac{x}{0.2} & \text{für } 0 \leqq x < 0.2 \\ 2-\frac{x}{0.2} & \text{für } 0.2 \leqq x < 0.4 \\ 0 & \text{für } 0.4 \leqq x \leqq 1 \end{cases}$$

$\psi_2(x) = \psi_1(x-0.2); \quad \psi_3(x) = \psi_1(x-0.4); \quad \psi_4(x) = \psi_1(x-0.6)$.

Man berechne hierzu die Steifigkeitsmatrix S.

Ü1.3.2

Beim Stabwerk aus Abschnitt 1.3.2 sollen die restlichen Elementsteifigkeitsmatrizen und somit die Einzeldeformationsenergien bestimmt werden.

1.4 KONSTRUKTION VON FINITEN ELEMENTEN

1.4.1 TRIANGULIERUNGEN

Wie in Abschnitt 1.3 beschrieben, werden bei der Methode der Finiten Elemente zunächst Systeme in Teilsysteme zerlegt oder gegebene Zerlegungen verfeinert. Bei der Behandlung des Seilbahnproblems wurde z.B. das Intervall [0,1] in kleinere Intervalle aufgeteilt. Bei zwei- oder dreidimensionalen Gebieten, wie sie etwa bei den Beispielen von Abschnitt 1.1 auftreten, ist diese Unterteilung aufwendiger. Der 3-dimensionale Fall soll hier nur kurz angedeutet werden, im 2-dimensionalen Fall beschränken wir uns auf die Zerlegung eines Gebietes in Dreiecke; dieser Vorgang oder auch das Ergebnis heißt Triangulierung. Gebräuchlich ist auch eine Zerlegung in Vierecke.

BEISPIEL:

Querschnitt durch einen Staudamm

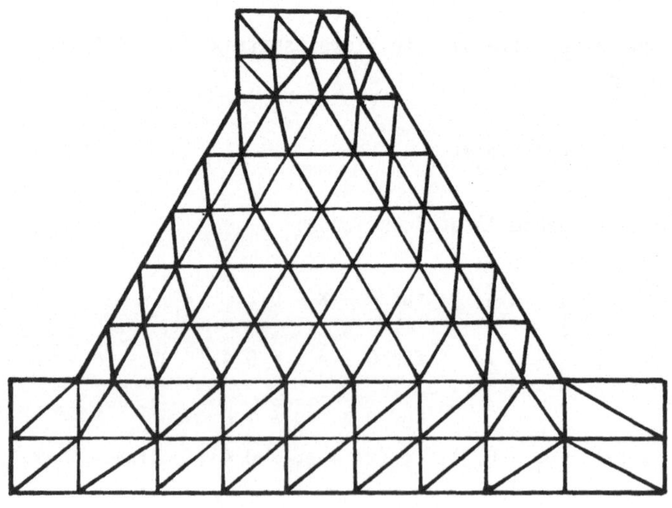

Abb. 1.4-1

An eine Triangulierung werden üblicherweise 2 Ansprüche gestellt:

a) Zwei Dreiecke besitzen entweder genau einen gemeinsamen Punkt, genau eine gemeinsame Kante oder nichts gemeinsam.

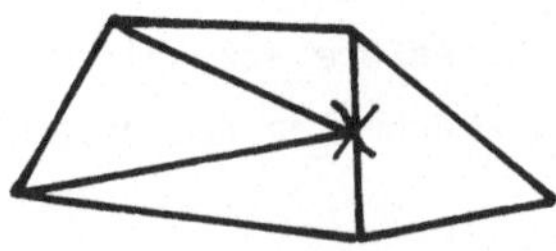

Abb. 1.4-2

Verboten ist also z.B. die nebenstehende Situation. Sie kann nämlich dazu führen, daß die Ansatzfunktionen (s. 1.4-2) unstetig werden.

b) Zu spitze Winkel müssen vermieden werden. Damit gleichbedeutend ist, daß das Verhältnis von kleinster zu größter Dreiecksseite groß genug bleibt. Hält man sich nicht an diese Regel, so werden u.a. die entstehenden Gleichungssysteme schlecht konditioniert.
Bei einfachen Geometrien genügt oft eine regelmäßige Triangulierung.

BEISPIELE für regelmäßige Triangulierung

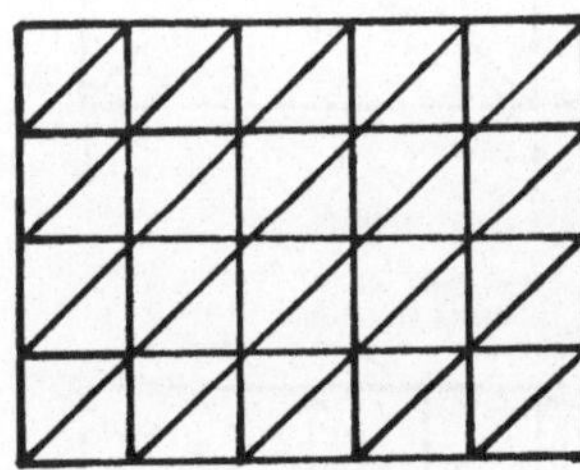

Standardtriangulierung

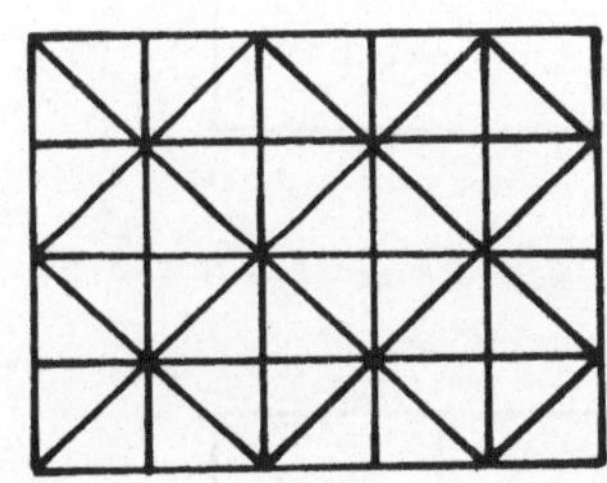

"Union Jack"

Abb. 1.4-3

Wenn die Grundgebiete nicht zu kompliziert sind, kann man die Unterteilung auch dem Rechner zur automatischen Triangulierung überlassen. Dazu kann wie folgt vorgegangen werden:

- Das Grundgebiet wird mit einem regelmäßigen Gitter (s. obige Beispiele) überzogen.
- Schneidet der Rand eine Dreiecksseite, so wird ein Eckpunkt, etwa der randnächste, auf den Rand verschoben, die beteiligten Dreiecke werden also verzerrt. Dabei ist darauf zu achten, daß keine entarteten Dreiecke - etwa zu spitze Winkel - entstehen. Falls notwendig, müssen Dreiecke hinzugefügt oder weggelassen werden. Alle Dreiecke, die nach Abarbeiten des gesamten Randes außerhalb liegen, werden entfernt.

Eine andere Methode besteht darin, eine gegebene (grobe) Anfangstriangulierung fortschreitend zu verfeinern. Man erhält so nach und nach eine bessere Randapproximation.

BEISPIEL

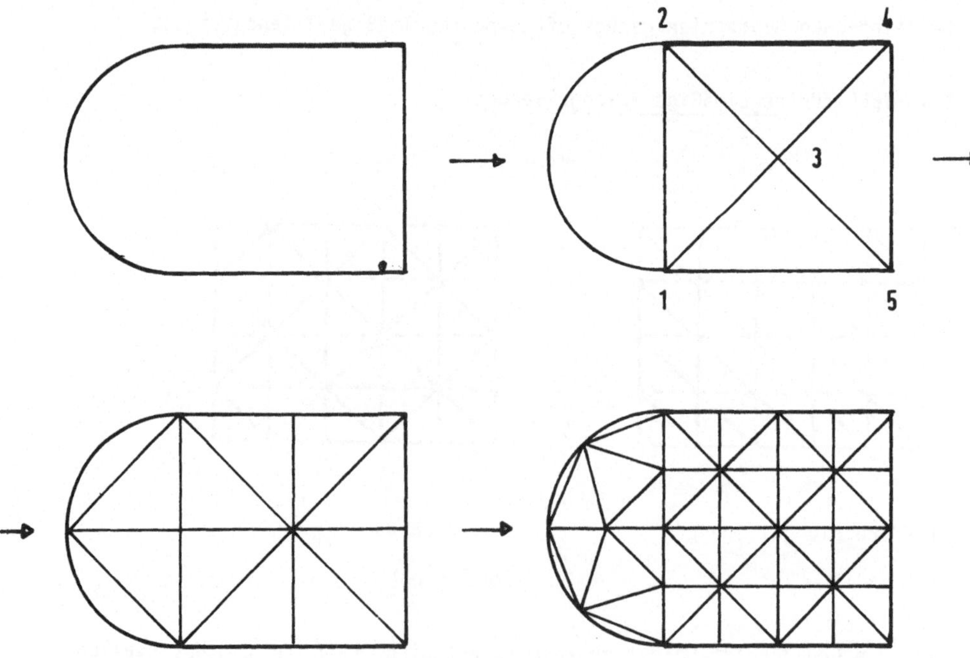

Abb. 1.4-4

Um später die Steifigkeitsmatrix aufstellen zu können benötigt man noch die Inzidenzmatrix einer Triangulierung, in der die Nachbarschaftsbeziehungen der Knoten festgehalten werden. Im obigen Beispiel sieht diese Matrix für die Starttriangulierung so aus:

Der Punkt mit der Nr.	hat als direkte Nachbarn die Punkte
1	2 3 5
2	1 3 4
3	1 2 4 5
4	2 3 5
5	1 3 4

Inzidenzmatrix

Über "Automatische Triangulierung" kann man Näheres z.B. in [3] und mit Hilfe der dort angegebenen Spezialliteratur nachlesen.

Wie ein dreidimensionales Gebiet unterteilt werden kann, soll hier nur angedeutet werden. Meist wird das Objekt in Quader oder Parallelepipede zerlegt. Diese können dann noch weiter in Tetraeder unterteilt werden, wie in Abb. 1.4-5 demonstriert wird. Die Darstellungen sind [29] entnommen.

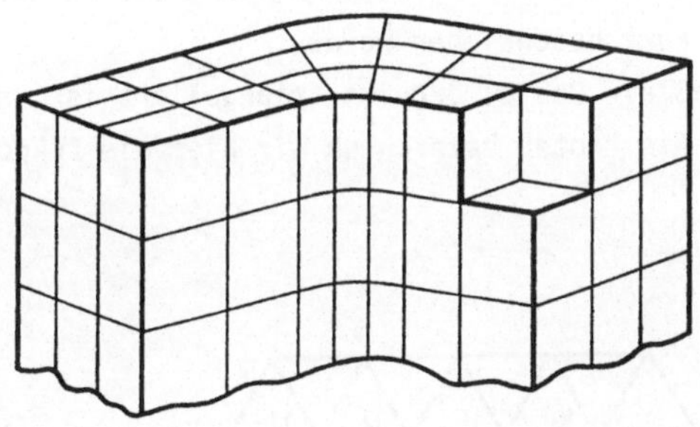

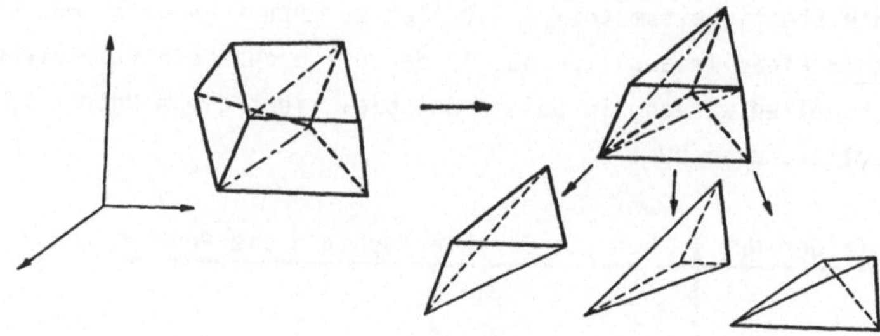

Unterteilung eines Parallelepipeds in Tetraeder

Abb. 1.4-5

Näheres über 3-dimensionale Probleme findet man in [29] und [7].

1.4.2 TYPEN VON FINITEN ELEMENTEN UND ANSATZFUNKTIONEN

In Abschnitt 1.3 haben wir beobachtet, daß sich als Ansatzfunktionen beim Ritz-Verfahren besonders gut Funktionen mit "kleinem Träger" eignen, also solche, die nur über einem kleinen Teilbereich von 0 verschieden sind. Ihre Konstruktion soll hier kurz beschrieben werden.
Wir gehen davon aus, daß ein Gebiet bereits trianguliert ist und daß die Knoten numeriert sind. Als Knoten bezeichnen wir hier die Eckpunkte von Dreiecken.

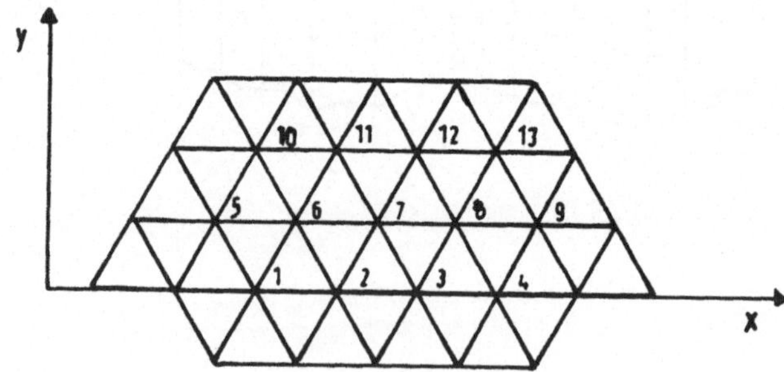

Abb. 1.4-6

Als einfachste Ansatzfunktion kann man jetzt die Funktion ψ_i wählen, für die gilt:

$\psi_i(x,y) = 1$ in Knoten Nr. i,
$\psi_i(x,y) = 0$ in allen anderen Knoten,
und $\psi_i(x,y)$ ist linear über dem Dreieck.

Insbesondere gilt also $\psi_i(x,y) = 0$ auf allen Dreiecken, in denen der Punkt i nicht vorkommt!

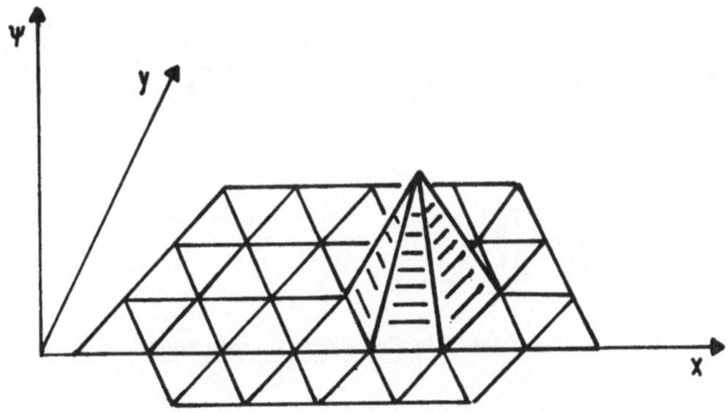

Abb. 1.4-7

Wir haben so ein zweidimensionales Analogon zu den Dachfunktionen aus Abschnitt 1.3 konstruiert. Eine Ansatzfunktion erfibt sich dann als Linearkombination der Basisfunktionen:

$$v(x,y) = \sum_{j=1}^{n} \alpha_j \psi_j(x,y) \ .$$

Eine solche Darstellung nennt man häufig <u>"knotenorientiert"</u>.

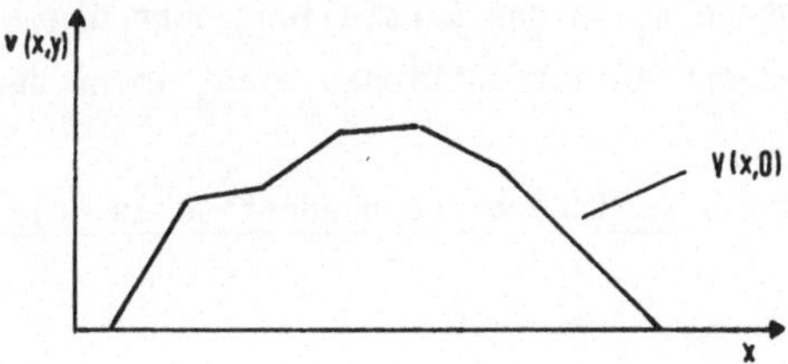

Schnitt einer Ansatzfunktion
Abb. 1.4-8

Für v(x,y) gilt also:

v ist stetig,
v ist linear über jedem Dreieck:

(1.4-1) $v(x,y) = a_T+b_Tx+c_Ty$,
falls (x,y) im Dreieck T liegt.

Die Parameter a_T,b_T,c_T sind natürlich i.a. in jedem Dreieck verschieden. Sie ergeben sich eindeutig aus den Werten der Funktion in den Ecken des zugehörigen Dreiecks:

Bezeichnet man die Ecken mit (x_i,y_i) (x_j,y_j) (x_k,y_k) und $V_i := v(x_i,y_i)$, so ergibt sich:

(1.4-2)
$$\begin{pmatrix} V_i \\ V_j \\ V_k \end{pmatrix} = \begin{pmatrix} 1 & x_i & y_i \\ 1 & x_j & y_j \\ 1 & x_k & y_k \end{pmatrix} \cdot \begin{pmatrix} a \\ b \\ c \end{pmatrix}$$

Eine Darstellung (1.4-1) bezeichnet man als "elementorientiert".

BEISPIEL:
Wir betrachten das Dreieck

(0,0); (1,0); (0,1) .

Für eine Ansatzfunktion v(x,y) = a+bx+cy gilt dann:

$$v_1 = v(0,0) = a,\ v_2 = v(1,0) = a+b,\ v_3 = v(0,1) = a+c.$$

Man kann also auch schreiben: $v(x,y) = V_1+(V_2-V_1)x+(V_3-V_1)y$. ■

Für eine stückweise lineare Ansatzfunktion sind die Funktionswerte V_i in den Ecken (x_i,y_i) identisch mit den Parametern a_i in der Darstellung über die Basisfunktionen. Das ist jedoch bei anderen Ansatzfunktionen nicht immer der Fall!
Man kann die Funktion v(x,y) z.B. auch als vollständiges quadratisches Polynom über jedem Dreieck T ansetzen:

(1.4-3) $v(x,y) = a_T+b_Tx+c_Ty+d_Tx^2+e_Txy+f_Ty^2$

Ein Polynom in zwei Variablen vom Grade n heißt dabei vollständig, wenn jedes der Glieder

$$x^iy^j \text{ mit } i+j \leqq n$$

vorkommt. Ein Beispiel für ein unvollständiges quadratisches Polynom ist etwa

$$p(x,y) = a+bx+cx^2+dy^2 \;.$$

Die Koeffizienten sind natürlich allein durch die Werte in den Ecken noch nicht bestimmt. Gibt man jedoch zusätzlich in den Seitenmittelpunkten Funktionswerte vor, so besteht ein eindeutiger Zusammenhang zwischen den zugehörigen 6 Funktionswerten und den freien Parametern a,...,f.

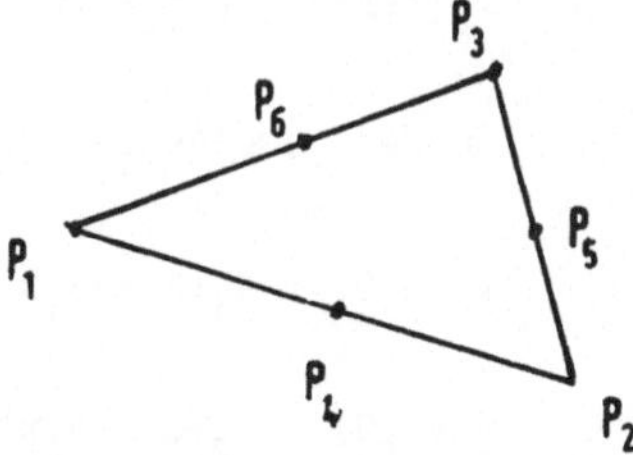

BEISPIEL:
Es sei $P_1 := (0,0)$, $P_2 := (1,0)$, $P_3 := (0,1)$, ferner $P_i := (x_i,y)$, $V_i := v(x_i,y_i)$
Dann gilt

$$\begin{aligned} v_1 &= a,\\ v_2 &= a+b+d,\\ v_3 &= a+c+f,\\ v_4 &= a+\tfrac{1}{2}b+\tfrac{1}{4}d,\\ v_5 &= a+\tfrac{1}{2}b+\tfrac{1}{2}c+\tfrac{1}{4}d+\tfrac{1}{4}e+\tfrac{1}{4}f,\\ v_6 &= a+\tfrac{1}{2}c+\tfrac{1}{4}f\;. \end{aligned}$$

Hieraus sind die a,b,c,d,e,f eindeutig bestimmbar. ■

Auf jedem Dreieck der Triangulierung ist nun die Ansatzfunktion durch ihre Werte in den 6 beteiligten Punkten festgelegt, man kann also durch Betrach-

tung aller Dreiecke den Gesamtverlauf der Ansatzfunktion bestimmen. Es bleibt die Frage, ob an den Nahtstellen, d.h. den Kanten der Dreiecke, die jeweiligen Einzelfunktionen auch "zusammenpassen", d.h. ob v stetig oder vielleicht sogar stetig differenzierbar ist.
Dies soll an folgendem Beispiel erläutert werden.

BEISPIEL:
Wir betrachten die 2 Dreiecke

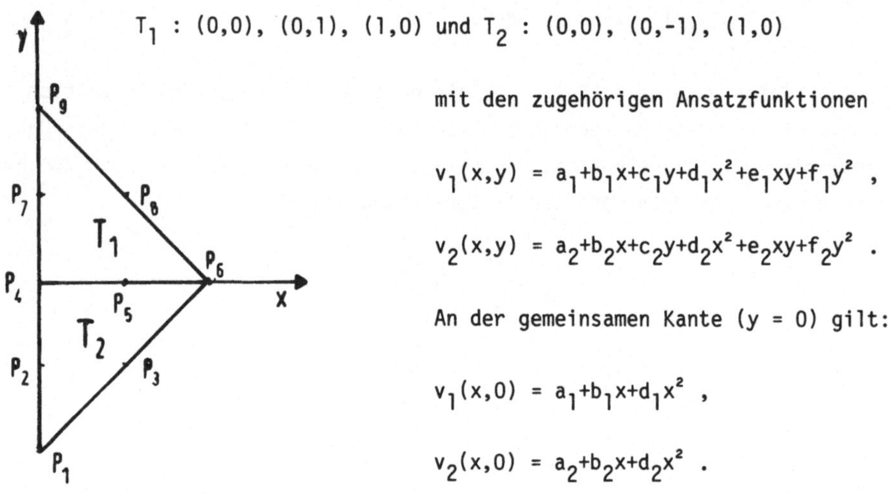

T_1 : (0,0), (0,1), (1,0) und T_2 : (0,0), (0,-1), (1,0)

mit den zugehörigen Ansatzfunktionen

$$v_1(x,y) = a_1+b_1x+c_1y+d_1x^2+e_1xy+f_1y^2 ,$$

$$v_2(x,y) = a_2+b_2x+c_2y+d_2x^2+e_2xy+f_2y^2 .$$

An der gemeinsamen Kante (y = 0) gilt:

$$v_1(x,0) = a_1+b_1x+d_1x^2 ,$$

$$v_2(x,0) = a_2+b_2x+d_2x^2 .$$

Stimmen die beiden Ansatzfunktionen also in den 3 gemeinsamen Punkten P_4, P_5, P_6 überein, so auch auf der gesamten gemeinsamen Kante. Denn eine quadratische Parabel ist durch 3 Punkte eindeutig festgelegt. ■

Die an unserem Beispiel gemachte Beobachtung stimmt auch ganz allgemein: Jede quadratische Ansatzfunktion in x und y kann man längs einer Kante als quadratische Funktion bzgl. der Bogenlänge schreiben. Sie ist dann durch Funktionswerte in 3 verschiedenen Punkten eindeutig festgelegt.
Insgesamt folgt daraus: Eine auf jedem Dreieck quadratische Ansatzfunktion, die durch die Werte in den jeweiligen Ecken und Seitenmittelpunkten festgelegt wird, ist stetig, aber in der Regel nicht stetig differenzierbar!

Der Begriff Knoten, der schon einige Male verwendet wurde, soll nun genauer gefaßt werden: Als Knoten bezeichnen wir die Punkte eines triangulierten Gebietes, in denen Freiheitsgrade definiert werden können. Beim Beispiel der

stückweise linearen Ansatzfunktionen waren dies also die Ecken der Dreiecke, im Falle der stückweise quadratischen Ansatzfunktionen die Ecken und Seitenmittelpunkte der Dreiecke.
Es gibt jetzt eine Fülle von Möglichkeiten, durch die Wahl der Knoten und Zuordnung von Freiheitsgraden Ansatzfunktionen über einem Dreieck zu konstruieren. Außer den Funktionswerten selbst können auch Ableitungen vorgeschrieben werden. Diese in den Knotenpunkten verwendeten Funktionswerte und Ableitungen heißen Knotenvariable. Finite Elemente nennt man die auf einem Dreieck definierten Funktionen; sie geben der Methode ihren Namen.

Seien V_i^T, $i = 1,\ldots,p$, jetzt die Knotenvariablen in den Knotenpunkten des Dreiecks T, so kann die Ansatzfunktion v_T - d.h. das Finite Element - über diesem Dreieck wie folgt dargestellt werden:

$$v_T(x,y) = \sum_{i=1}^{p} v_i^T \Psi_i^T(x,y) \ . \tag{1.4-4}$$

Dabei sind die $\Psi_i^T(x,y)$ die sog. Formfunktionen. Die Ansatzfunktion $v(x,y)$ setzt sich dann stückweise aus den $v_T(x,y)$ zusammen. Numerieren wir sämtliche Knotenvariablen in allen Dreiecken in einer bestimmten, weitgehend frei zu wählenden, Reihenfolge von 1 bis n, so gilt die Darstellung

$$v(x,y) = \sum_{k=1}^{n} v_k \Psi_k(x,y)$$

mit den globalen Formfunktionen $\Psi_k(x,y)$. Sie haben jeweils einen "lokalen Träger".

Die Verwendung komplizierter Elemente kann 2 Gründe haben:
- Man möchte auch bei einer groben Triangulierung eine ausreichende Genauigkeit garantieren.
- Die Ansatzfunktionen sollen eventuell "glatter", z.B. sollen auch ihre Ableitungen stetig sein.

Letzteres ist sinnvoll, wenn außer Verschiebungen auch Biegesteifigkeiten eines Objektes berücksichtigt werden sollen (z.B. bei Platten), ist aber schwerer zu verwirklichen. Der Grund dafür liegt in den zusätzlichen Bedingungen, die man am Rande eines Elementes zu stellen hat.
Soll die Ansatzfunktion ein vollständiges Polynom über jedem Dreieck und stetig differenzierbar sein, so muß man sie mindestens als Polynom 5. Grades

über jedem Dreieck ansetzen. Ein Beispiel hierfür ist das Argyris-Element, s.u. . Man hat dann 21 Freiheitsgrade je Dreieck zu berücksichtigen. Zusätzlich zur großen Zahl dieser 21 Freiheitsgrade kommt noch hinzu, daß sie alle voneinander abhängen, die globale Steifigkeitsmatrix wird daher ein sehr breites Band bekommen.

Eine Abhilfe bieten hier sogenannte "Makroelemente". Bei ihnen unterteilt man die Dreiecke noch einmal in kleinere und arbeitet dann in den so erzeugten Matrixelementen stückweise mit Polynomen, die aber sowohl über die inneren wie die äußeren Ränder der Elemente stetig differenzierbar sind. Ein Beispiel dafür ist das unten aufgeführte Hsieh-Clough-Tocher Dreieck (H-C-T Element) mit 12 Freiheitsgraden. Die Elementfunktionen sind hier vollständige Polynome 3. Grades in jedem Teildreieck und <u>insgesamt</u> stetig differenzierbar.

Einen Überblick über gebräuchliche Dreieckselemente bietet die Tabelle auf der folgenden Seite.

Im dreidimensionalen Fall soll nur das einfachste Element über einem Tetraeder aufgeführt werden:

(1.4-5) $\quad v(x,y,z) = a+bx+cy+dz \quad$ im Tetraeder

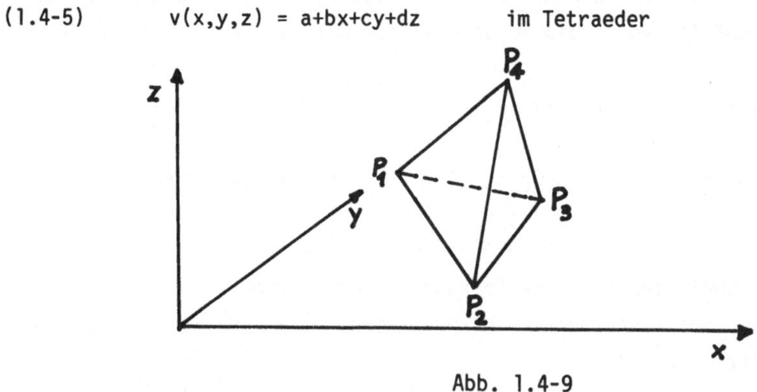

Abb. 1.4-9

Die Ansatzfunktion $v(x,y,z)$ ist durch ihre Werte V_1, V_2, V_3, V_4 in den Eckpunkten eindeutig festgelegt.

<u>BEISPIEL:</u>

$P_1 = (0,0,0)$; $P_2 = (1,0,0)$; $P_3 = (0,1,0)$; $P_4 = (0,0,1)$.

Für $v(x) = a+bx+cy+dz$ gilt dann

BEISPIELE FÜR 2-DIMENSIONALE ELEMENTE

Knotenvariable: • : v

◉ : v, v_x, v_y

◎ : $v, v_x, v_y, v_{xx}, v_{xy}, v_{yy}$

– : Richtungsableitung von v in Richtung der Normalen

k : Noch erhaltener Polynomgrad

g : Glattheit, $g = \begin{cases} 0 : \text{v stetig} \\ 1 : \text{v stetig differenzierbar} \end{cases}$

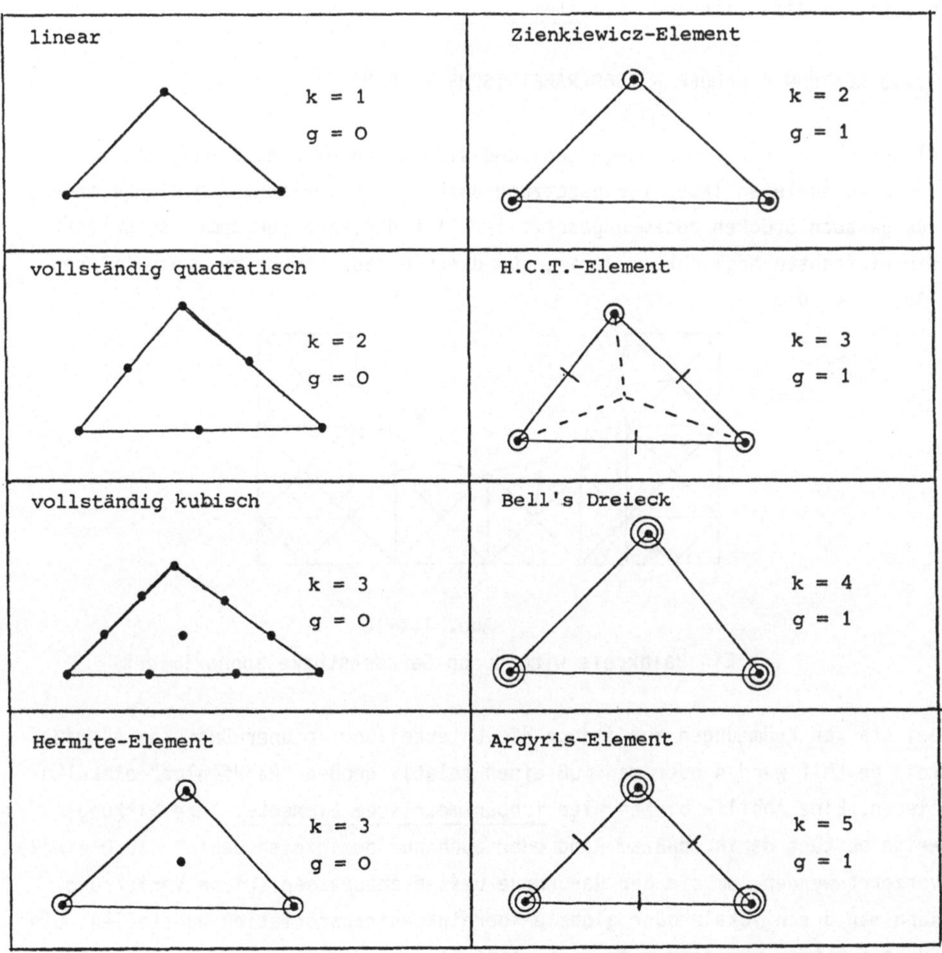

$$V_1 = v(0,0,0) = a \,, \qquad V_2 = v(1,0,0) = a+b \,,$$

$$V_3 = v(0,1,0) = a+c \,, \qquad V_4 = v(0,0,1) = a+d \,.$$

Die Ansatzfunktion läßt sich also schreiben als

$$v(x,y,z) = V_1+(V_2-V_1)x+(V_3-V_1)y+(V_4-V_1)z \,. \qquad \blacksquare$$

Eine über mehreren Tetraedern zusammengesetzte Ansatzfunktion dieser Art wird wie im zweidimensionalen Fall stetig.

1.4.3 GEKRÜMMTE RÄNDER - ISOPARAMETRISCHE ELEMENTE

Bisher sind wir davon ausgegangen, daß sich ein gegebenes Grundgebiet in Dreiecke zerlegen läßt. Voraussetzung dafür ist natürlich, daß die Berandung aus geraden Stücken zusammengesetzt ist. Ist der Rand gekrümmt, so besteht die einfachste Möglichkeit darin, ihn durch Geradenstücke zu approximieren (Abb. 1.4-10).

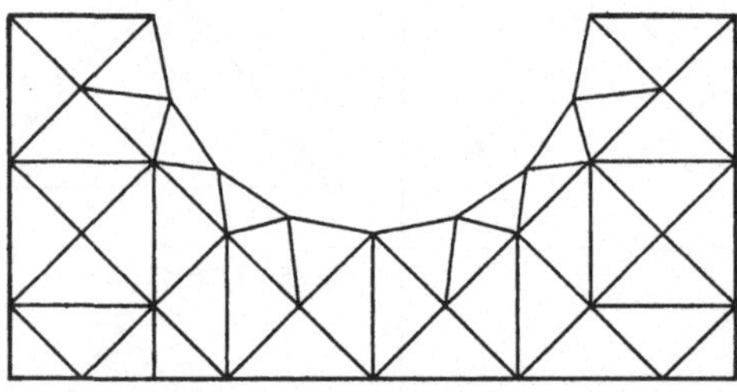

Abb. 1.4-10
Ein Halbkreis wird durch Geradenstücke approximiert

Bei starken Krümmungen muß jedoch die Unterteilung in unerwünschtem Ausmaß fein gewählt werden oder man muß einen relativ großen "Randfehler" einkalkulieren. Eine Abhilfe bieten hier isoparametrische Elemente. Ihre Wirkungsweise besteht darin, daß am Rand oder auch auf dem ganzen Gebiet die Dreiecke verzerrt werden, um sie der Randkurve besser anzupassen. Diese Verzerrung kann man durch lokale oder globale Koordinatentransformation darstellen. Die Ansatzfunktion muß dann natürlich ebenfalls auf die neuen Koordinaten transformiert werden.

BEISPIEL:

Gabelschlüssel

a) Approximation des gekrümmten Randes durch gerade Stücke.

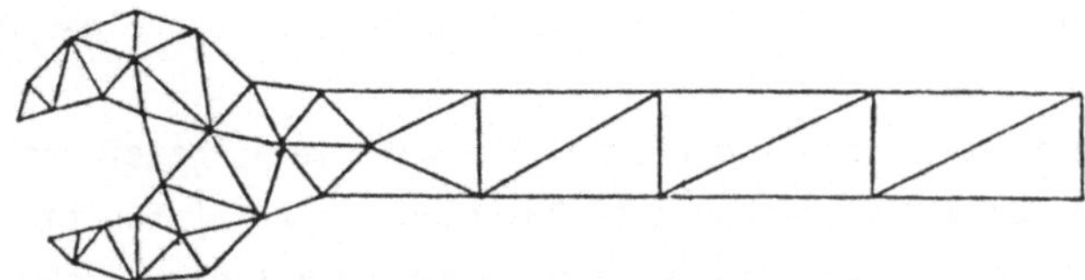

b) Isoparametrische Elemente am gekrümmten Rand.

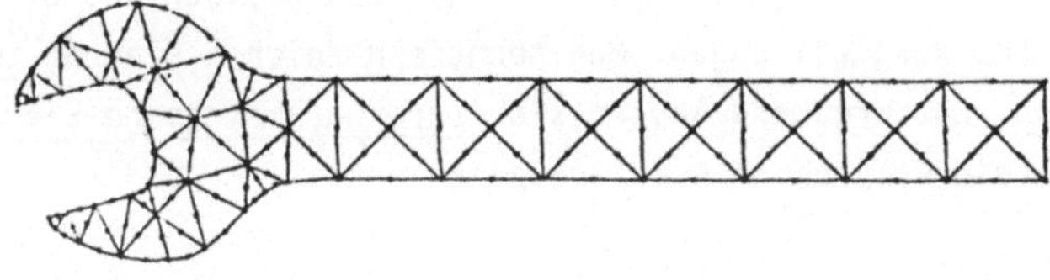

Abb. 1.4-11

Die Koordinatentransformation soll hier nur an einem einfachen Beispiel erklärt werden:

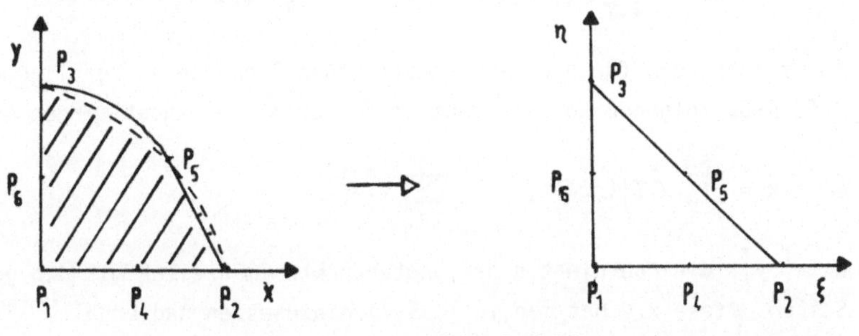

Abb. 1.4-12

Das schraffiert gezeichnete Gebiet kann man durch die Transformation

$$x = \xi+(4x_5-2)\xi\eta$$

(1.4-6)

$$y = \eta+(4y_5-2)\xi\eta$$

in das Dreieck mit den Ecken (0,0), (1,0), (0,1) in ξ-η Koordinaten überführen. Man nennt diese Elemente isoparametrisch, weil für die Komponenten der Koordinatentransformation gerade die zugrundegelegten Ansatzfunktionen gewählt werden. Im Beispiel oben sind dies genau die Polynome 2. Grades in ξ und η.

Die Verzerrung ist hier nur an einem Randdreieck und einer Dreiecksseite vorgeführt worden. Genauso können natürlich auch mehrere Seiten eines Dreiecks verzerrt werden.

Man kann das Prinzip der isoparametrischen Elemente verallgemeinern. Verwendet man z.B. über jedem Dreieck kubische Polynome als Ansatzfunktionen, so wird man entsprechend eine Koordinatentransformation mit einem Polynom 3. Grades in ξ,η verwenden. Man kann die Abbildungsgeometrie in diesem Fall aber auch durch ein Polynom niedrigeren Grades in ξ,η beschreiben und braucht dann auch weniger Bestimmungsgleichungen. Man nennt ein solches Element subparametrisches Element. Entsprechend lassen sich superparametrische Elemente verwenden, indem man ein Polynom höheren Grades ansetzt.

Wir hatten oben festgestellt, daß man über dem Dreieck T die Ansatzfunktion - wenn sie etwa ein vollständiges quadratisches Polynom beschreibt - in folgender Form darstellen kann (vgl. 1.4-4):

$$(1.4\text{-}7) \qquad v_T(x,y) = \sum_{i=1}^{6} v_i^T \Psi_i^T(x,y) \ , \quad v_i^T := v(x_i,y_i), \ i = 1,\dots,6 \ .$$

Man kann nun zeigen, daß für die isoparametrischen Elemente in Verallgemeinerung von (1.4-6) folgende Koordinatentransformation verwendet werden kann:

$$(1.4\text{-}8) \qquad x = \sum_{i=1}^{6} x_i^T \Psi_i^T(\xi,\eta) \ , \quad y = \sum_{i=1}^{6} y_i^T \Psi_i^T(\xi,\eta) \ .$$

Dabei sind (x_i^T,y_i^T) die Koordinaten der Knotenpunkte im Dreieck mit den gekrümmten Seiten. Diese x,y hat man in (1.4-7) einzusetzen und erhält

$$v_T(x(\xi,\eta),y(\xi,\eta)) := \bar{v}_T(\xi,\eta) \ .$$

Es treten in den Anwendungen auch Fälle auf, in denen man sämtliche Dreiecke eines Gebietes gleichmäßig verzerrt. Das entspricht einer globalen Koordinatentransformation. Isoparametrische Elemente haben den kleinen Nachteil, daß die transformierten Ansatzfunkionen etwas komplizierter werden. Bei der Berechnung der Integrale z.B. für die Steifigkeitsmatrix ist man deshalb zumeist auf numerische Quadraturformeln angewiesen. Ausführliche Darstellungen der isoparametrischen Elemente findet man z.B. in [17], [21], [29].

ZUSAMMENFASSUNG

In diesem Abschnitt sind erste Vorbereitungen getroffen worden, um die Energie eines Systems auf Teilsystemen und unter vereinfachenden Annahmen berechnen zu können. Ein zweidimensionales Gebiet wird demnach trianguliert, d.h. in Dreiecke aufgeteilt. Oft ist eine grobe Aufteilung schon durch die geometrischen Anforderungen gegeben. Eine Zerlegung in Vierecke verläuft analog und wurde deshalb hier nicht behandelt.
Die gesuchte physikalische Größe wird dann als "einfache" Funktion über jedem Dreieck angesetzt, hier z.B. als Polynom. Die Funktion läßt sich durch Werte (der Funktion oder ihrer Ableitungen) in den "Knoten" ausdrücken. Diese mögliche Zuordnung von Werten zu Knoten nennt man "Freiheitsgrade".
Die Festlegung der Knoten und zugehörigen Freiheitsgrade hat Einfluß darauf
- wie gut eine komplizierte Funktion durch die Ansatzfunktion approximiert wird und
- wie "glatt" die so konstruierte Ansatzfunktion ist.

Abschließend soll noch angemerkt werden, daß hier Finite Elemente nur für den Fall beschreiben wurden, daß lediglich eine physikalische Größe als Funktion des Ortes gesucht wird. Es handelt sich um ein einfaches "Feldproblem".
Falls mehrere Größen gesucht sind, falls also u ein Vektor ist, z.B. eine Verschiebung in x-Richtung und in y-Richtung, so ergeben sich normalerweise keine Schwierigkeiten, solange diese Größen die gleiche physikalische Dimension besitzen. Man kann dann jeweils dieselbe Triangulierung und Ansatzfunktion des gleichen Typs benutzen. Ein sehr einfaches eindimensionales Beispiel dazu war das Stabwerk aus Abschnitt 1.3. Zweidimensionale Beispiele sollen noch in einem späteren Abschnitt folgen.

ÜBUNGEN ZU 1.4

Ü1.4.1

Man stellt fest, daß die Triangulierung einer Platte um einen Punkt (P_1) zu grob ist. Verfeinern Sie die gegebene Triangulierung so, daß alle an P_1 anliegenden Dreiecke eine maximale Seitenlänge von 1 cm besitzen und kein Winkel kleiner als 45° wird.

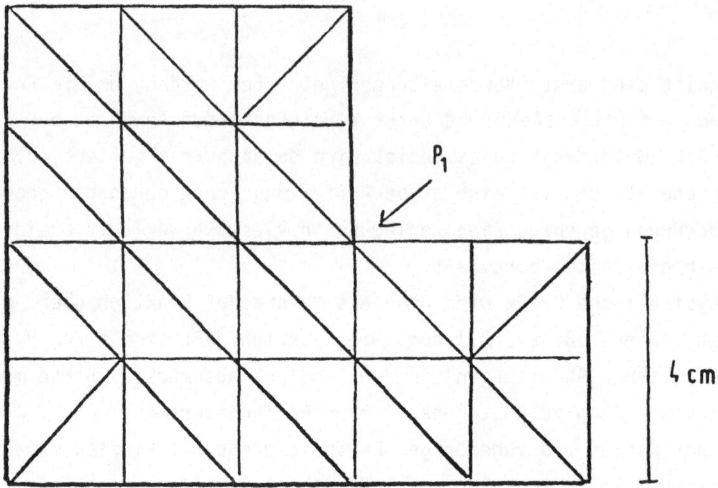

Ü1.4.2

Das nebenstehende Bild stellt (stark vereinfacht) den Längsschnitt durch den Innenraum eines PKW dar. Das Gebiet soll trianguliert werden unter folgenden Auflagen:

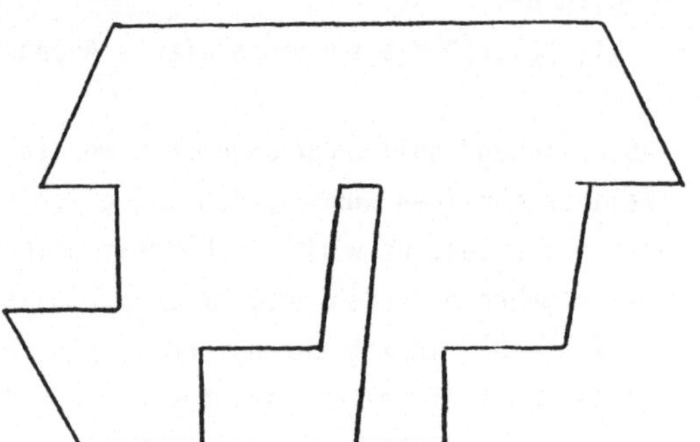

a) Es kommen 20 - 40 Knoten im Innern (nicht auf dem Rand) vor.

b) In der Umgebung von "einspringenden Ecken" (z.B. an den Oberkanten der Sitzlehnen) soll die Einteilung etwa doppelt so fein sein wie im übrigen Gebiet.

Ü1.4.3

a)

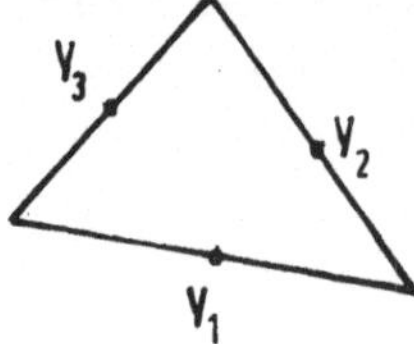

Ein lineares Element (in jedem Dreieck: $v_T(x,y) = a+bx+cy$) soll festgelegt werden durch die Werte V_i in den Seitenmittelpunkten. Ist eine so zusammengebaute Ansatzfunktion immer stetig?

<u>Anleitung:</u> Testen Sie verschiedene Ansatzfunktionen über den beiden Dreiecken:

T_I : (0,0); (1,0); (0,1).

T_{II} : (0,0); (0,1); (1,0).

b) Wieviele Freiheitsgrade hätte ein <u>"vollständiges quintisches Element"</u> (ein vollständiges Polynom 5. Grades)?

c) Folgendes quadratische Element wird vorgeschlagen:

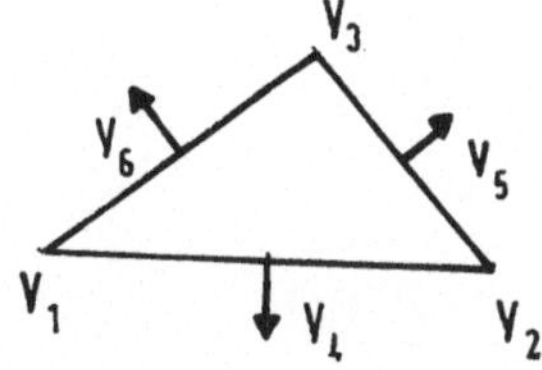

Außer den Funktionswerten in den Eckpunkten werden die Normalableitungen in den Seitenmittelpunkten vorgeschrieben. Ist das Element stetig?

<u>Anleitung:</u> Betrachten Sie die beiden Dreiecke T_I bzw. T_{II} aus Aufgabe a) und die Ansatzfunktion

$$v_I(x,y) = \frac{1}{2}x + \frac{1}{2}y - \frac{1}{2}x^2 - xy + \frac{1}{2}y^2 \text{ in } T_I .$$

1.5 DAS RECHNEN MIT FINITEN ELEMENTEN

1.5.1 DAS RITZ-VERFAHREN AN EINEM BEISPIEL

Wie ein FE-Gleichungssystem erstellt wird, soll zunächst am Beispiel der Membrangleichung (s. Abschnitt 1.1) demonstriert werden. Sie lautet

(1.5-1) $$-\frac{\partial}{\partial x}(d_1 u_x) - \frac{\partial}{\partial y}(d_2 u_y) = f \quad \text{für } x,y \in G$$

$$\text{mit } u|_\Gamma = g(x,y) .$$

Der Einfachheit halber soll hier zunächst die Randvorgabe $g(x,y) \equiv 0$ erfüllt sein, die Membran ist also eingespannt. Ein mögliches Vorgehen bei inhomogenen Randbedingungen wurde schon in Abschnitt 1.3.1 erwähnt.

Gleichbedeutend mit der Lösung der Differentialgleichung ist die Aufgabe, das Minimum der Energie

(1.5-2) $$W := \frac{1}{2}\iint_G \{d_1 u_x^2 + d_2 u_y^2 - fu\}dxdy$$

zu bestimmen (s. Abschnitt 1.1).

Beim Ritz-Verfahren suchen wir nun die Näherungslösung, wie in Abschnitt 1.3, nicht unter allen Funktionen u(x,y), die die Randbedinungen erfüllen, sondern nur unter denen, die sich als Linearkombination von einfachen Funktionen, den Basisfunktionen, konstruieren lassen:

$$U(x,y) = \sum_{j=1}^{n} \alpha_j \psi_j(x,y) \ .$$

Die Bedingung für die Energie lautet dann:

(1.5-3) $$W := \frac{1}{2}\iint_G \{d_1(\sum_{j=1}^{n}\alpha_j\psi_{jx})^2 + d_2(\sum_{j=1}^{n}\alpha_j\psi_{jy})^2 - 2f\cdot\sum_{j=1}^{n}\alpha_j\psi_j\}dxdy = \min ,$$

oder in verkürzter Schreibweise:

(1.5-4) $$W = \frac{1}{2}\alpha^T S\alpha - \alpha^T b = \min$$

mit den Vektoren $\alpha := (\alpha_1,\ldots,\alpha_n)^T$; $b := (b_1,\ldots,b_n)^T$,

$b_i = \iint_G f\cdot\psi_i dxdy$, und der <u>Steifigkeitsmatrix</u>

$S : s_{i,j} = \iint_G (d_1\psi_{ix}\psi_{ix} + d_2\psi_{iy}\psi_{jy})dxdy$.

ψ_{ix}, ψ_{jy} etc. bedeutet $\partial\psi_i/\partial x$, $\partial\psi_j/\partial y$ etc.

<u>BEISPIEL:</u>

Mit 3 Ansatzfunktionen und $d_1 = d_2 = 1$ ergibt sich:

$$\iint_G U_x^2 dxdy = \iint_G (\alpha_1\psi_{1x}+\alpha_2\psi_{2x}+\alpha_3\psi_{3x})^2 dxdy$$

$$= \iint_G (\alpha_1^2\psi_{1x}^2+\alpha_1\psi_{1x}\alpha_2\psi_{2x}+\alpha_1\psi_{1x}\alpha_3\psi_{3x}$$

$$+\alpha_1\psi_{1x}\alpha_2\psi_{2x}+\alpha_2^2\psi_{2x}^2+\alpha_3\psi_{3x}\alpha_2\psi_{2x}$$

$$+\alpha_1\psi_{1x}\alpha_3\psi_{3x}+\alpha_2\psi_{2x}\alpha_3\psi_{3x}+\alpha_3^2\psi_{3x}^2)dxdy$$

$$= (\alpha_1,\alpha_2,\alpha_3)\cdot\begin{pmatrix} \iint\psi_{1x}^2 dxdy & \iint \psi_{1x}\psi_{2x}dxdy & \iint \psi_{1x}\psi_{3x}dxdy \\ \iint \psi_{1x}\psi_{2x}dxdy & \iint \psi_{2x}^2 dxdy & \iint \psi_{2x}\psi_{3x}dxdy \\ \iint \psi_{1x}\psi_{3x}dxdy & \iint \psi_{2x}\psi_{3x}dxdy & \iint \psi_{3x}^2 dxdy \end{pmatrix} \cdot \begin{pmatrix} \alpha_1 \\ \alpha_2 \\ \alpha_3 \end{pmatrix}$$

Man sieht hier sofort, daß die Matrix S immer symmetrisch ist. Wie in Abschnitt 1.3 läßt sich auch leicht zeigen, daß sie positiv definit ist. ■

Die Energie W wird minimal, wenn die Parameter α_i die Gleichung

$$S\alpha = b$$

erfüllen. Die partiellen Ableitungen nach den Parametern α_i müssen verschwinden. Die Methode der Finiten Elemente besteht jetzt darin,

a) geeignete Basisfunktionen ψ_i zu wählen. Vorschläge dazu wurden im letzten Abschnitt gemacht.
b) Die Steifigkeitsmatrix S und die rechte Seite b zu erstellen. Das soll in diesem Abschnitt demonstriert werden.
c) Das entstandene lineare Gleichungssystem zu lösen, um so die Parameter α_i zu bestimmen. Hierzu vgl. man 2.

1.5.2 BERECHNEN DER STEIFIGKEITSMATRIX

Als Beispiel betrachten wir jetzt eine Membran der nachfolgend angedeuteten Form

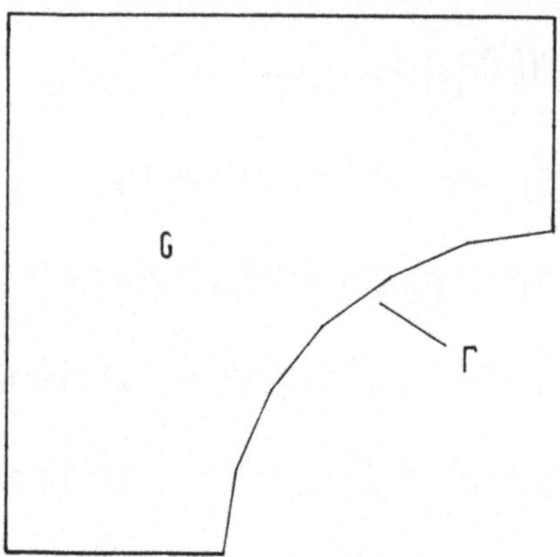

Abb. 1.5-1

Die Membran wird in Dreiecke zerlegt (trianguliert), die Knoten durchnumeriert.

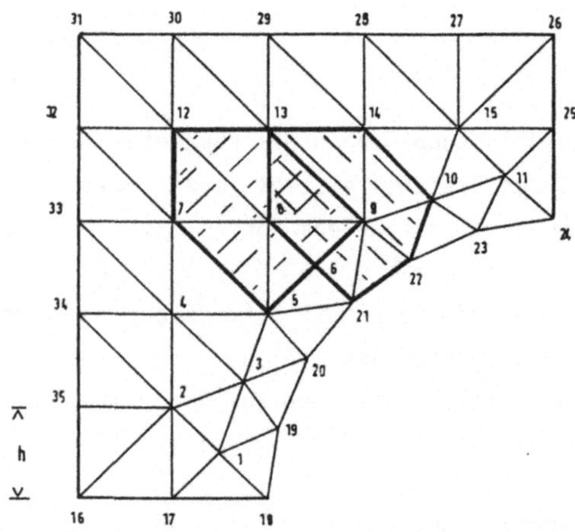

Abb. 1.5-2

Für das Ritz-Verfahren sollen jetzt stückweise <u>lineare</u> Ansatzfunktionen verwendet werden (s. 1.4.2). Die Träger der Ansatzfunktionen ψ_8 bzw. ψ_9 sind im Bild 1.5-2 angedeutet. Insgesamt hat man 15 Ansatzfunktionen.

Bemerkung:

Die hier angegebene Numerierung (zuerst alle inneren Punkte, dann die Randpunkte) ist nicht üblich, weil für den praktischen Gebrauch unhandlich. Sie wurde hier nur aus Gründen der Anschaulichkeit so gewählt.

Zum Erstellen der Steifigkeitsmatrix S müssen jetzt jeweils die Ausdrücke

$$s_{i,j} = \iint_G (d_1\psi_{ix}\psi_{jx} + d_2\psi_{iy}\psi_{jy})dxdy \tag{1.5-5}$$

berechnet werden.

Da sich die Ansatzfunktionen und damit auch ihre Ableitungen immer nur in wenigen Dreiecken überlappen, muß auch jeweils nur über diesen kleinen Grundbereich integriert werden.

BEISPIEL:

$$\begin{aligned} s_{8,9} &= \iint_G (d_1\psi_{8x}\psi_{9x} + d_2\psi_{8y}\psi_{9y})dxdy \\ &= \iint_{T_{8,9,13}} (d_1\psi_{8x}\psi_{9x} + d_2\psi_{8y}\psi_{9y})dxdy \\ &+ \iint_{T_{8,6,9}} (d_1\psi_{8x}\psi_{9x} + d_2\psi_{8y}\psi_{9y})dxdy \end{aligned}$$

$T_{8,6,9}$ ist dabei das Dreieck mit den Eckpunkten 8,6,9. ■

Eine weitere Vereinfachung ergibt sich hier dadurch, daß die Ableitungen der Ansatzfunktionen im Falle linearer Elemente jeweils konstant sind. Die Integrale sind somit leicht zu berechnen.

Auf diese Art müssen sämtliche Ansatzfunktionen, d.h. sämtliche Knoten abgearbeitet werden (das Vorgehen heißt deshalb "knotenorientiert"). Die in Abschnitt 1.4.1 beschriebene Inzidenzmatrix gibt dabei an, welche Integralbeiträge berechnet werden müssen. Man sieht hier, daß die Integration über ein Dreieck meist mehrmals durchgeführt werden muß, da ein Dreieck i.a. zu mehreren Ansatzfunktionen gehört. Dieser Nachteil verstärkt sich noch bei anderen Ansatzfunktionen, z.B. bei quadratischen, die einen größeren Träger haben.
Man kann allerdings durch geschickte Programmorganisation (die Beiträge, die später noch einmal gebraucht werden, werden zwischengespeichert) den Aufwand

herabsetzen.

Ein anderer und mehr praktischer Weg, die Steifigkeitsmatrix zu berechnen, ist das "elementorientierte" Vorgehen, das im folgenden etwas ausführlicher beschrieben werden soll.

Dazu erinnern wir uns, daß eine Ansatzfunktion

$$U(x,y) = \sum_{j=1}^{n} \alpha_j \psi_j \text{ mit den oben beschriebenen Basisfunktionen } \psi_j$$

in jedem Dreieck T zu einer linearen Funktion wird, es gilt also

(1.5-6) $$U(x,y)|_T = c_{1_T} + c_{2_T} x + c_{3_T} y \ .$$

Anstatt der Knoten werden jetzt nacheinander die Dreiecke T_k abgearbeitet:

(1.5-7) $$W_{def} = \sum_k \iint_{T_k} (d_1 U_x^2|_{T_k} + d_2 U_y^2|_{T_k}) dxdy \ .$$

Drückt man jetzt in jedem Dreieck T_k die Funktion $U|_{T_k}$ noch durch ihre Werte in den Eckpunkten U_i aus, so erhält man die Gleichung für die Deformationsenergie in der gewünschten Form.

Zur Berechnung der Einzelintegrale sind zwei Vorgehensweisen üblich:

a) Berechnung über Dreieckskoordinaten. Dies soll hier nicht beschrieben werden, man vgl. etwa [7].
b) Berechnung über ein Referenzelement. Dies soll im folgenden näher ausgeführt werden; die Darstellung hält sich dabei vorwiegend an [17]:

1. Das Dreieck $T_{i,j,\ell}$ mit den Eckpunkten P_i, P_j, P_ℓ wird auf das Einheitsdreieck T_0 transformiert:

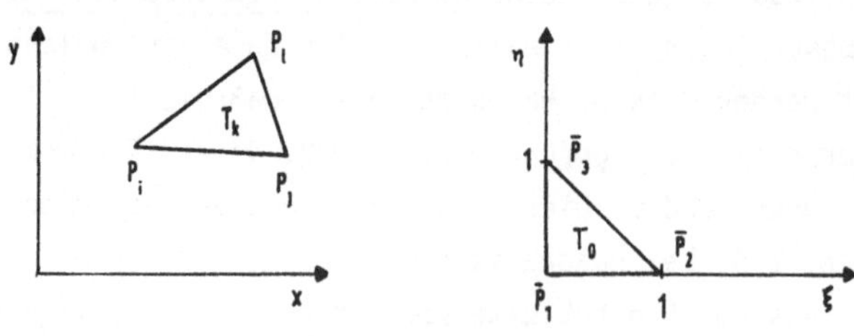

Abb. 1.5-3

Die zugehörige Transformation lautet:

(1.5-8)
$$x = x_i+(x_j-x_i)\xi+(x_\ell-x_i)\eta$$
$$y = y_i+(y_j-y_i)\xi+(y_\ell-y_i)\eta$$

BEISPIEL:
Das Dreieck $T_{34,2,4}$ mit den Punkten (0,4), (2,2), (2,4) wird durch

$$x = 2\xi+2\eta;\ y = 4-2\xi$$ zum Einheitsdreieck. ∎

2. Das Integral über dem Dreieck $T_{i,j,\ell}$ wird zu einem Integral über T_0:
Für das Flächenelement gilt dabei

$$dxdy = I d\xi d\eta$$

mit der Jacobi-Determinante (s. 1.5-8)

$$I := \begin{vmatrix} x_\xi & y_\xi \\ x_\eta & y_\eta \end{vmatrix} = \begin{vmatrix} x_j-x_i & y_j-y_i \\ x_\ell-x_i & y_\ell-y_i \end{vmatrix} = (x_j-x_i)(y_\ell-y_i)-(x_\ell-x_i)(y_j-y_i)$$

Nach elementarer Rechnung erhält man

(1.5-9)
$$\iint_{T_{i,j,\ell}} \{d_1U_x^2+d_2U_y^2\}dxdy$$
$$=\iint_{T_0} \{\alpha_kU_\xi^2+2\beta_kU_\xi U_\eta+\gamma_kU_\eta^2\}d_\xi d_\eta =: \alpha_kI_1+2\beta_kI_2+\gamma_kI_3 ,$$

wobei die Koeffizienten α_k, β_k, γ_k durch die Lage der Eckpunkte von T_k bestimmt werden:

(1.5-10)
$$\alpha_k = d_1\frac{(y_\ell-y_i)^2}{2F_k}+d_2\frac{(x_\ell-x_i)^2}{2F_k},$$
$$\beta_k = -d_1\frac{(y_\ell-y_i)(y_j-y_i)}{2F_k}-d_2\frac{(x_\ell-x_i)(x_j-x_i)}{2F_k},$$
$$\gamma_k = d_1\frac{(y_j-y_i)^2}{2F_k}+d_2\frac{(x_j-x_i)^2}{2F_k}$$

$\frac{1}{2} I = F_k$ ist hierbei die Fläche des Dreiecks T_k $(= T_{i,j,\ell})$.

<u>BEISPIEL:</u>
Für das Dreieck $T_{34,2,4}$ gilt:

$$\alpha_k = d_2, \beta_k = -d_2, \gamma_k = d_1+d_2 ,$$

also:
$$\iint\limits_{T_{34,2,4}} \{d_1U_x^2+d_2U_y^2\}dxdy = \iint\limits_{T_o}\{d_2U_\eta^2-2d_2U_\xi U_\eta+(d_1+d_2)U^2\}d\xi d\eta . \blacksquare$$

3. Zu berechnen sind jetzt die drei Integrale:

(1.5-11) $$I_1 = \iint\limits_{T_o} U_\xi^2 d\xi d\eta; \quad I_2 = 2\iint\limits_{T_o} U_\xi U_\eta d\xi d\eta; \quad I_3 = \iint\limits_{T_o} U_\eta^2 d\xi d\eta.$$

Mit dem linearen Ansatz

$$U(\xi,\eta) = c_1+c_2\xi+c_3\eta$$

ergibt sich:

(1.5-12)
$$I_1 = \iint\limits_{T_o} c_2^2 d\xi d\eta = \frac{1}{2} c_2^2 ,$$
$$I_2 = 2\iint\limits_{T_o} c_2c_3 d\xi d\eta = c_2c_3 ,$$
$$I_3 = \iint\limits_{T_o} c_3^2 d\xi d\eta = \frac{1}{2} c_2^2 .$$

Da man (s. letzter Abschnitt) die Funktion U durch ihre Werte in den Knoten, d.h. in den 3 Eckpunkten, beschreiben kann:

$$U(\xi,\eta) = \underset{\substack{\uparrow\\ c_1}}{U_i}+\underset{\substack{\uparrow\\ c_2}}{(U_j-U_i)}\xi+\underset{\substack{\uparrow\\ c_3}}{(U_\ell-U_i)}\eta,$$

ergeben sich die Formeln:

$$I_1 = \frac{1}{2}(U_j-U_i)^2,$$

(1.5-13) $$I_2 = (U_j-U_i)(U_\ell-U_i),$$

$$I_3 = (U_\ell-U_i)^2,$$

Dies sind also jeweils quadratische Ausdrücke in den Knotenvariablen U_k.

In Matrizenschreibweise sind die Größen I_m, m = 1,2,3, gegeben durch

$$I_m = \frac{1}{2}\, U_e^T S_{e,m} U_e, \qquad U_e = (U_i, U_j, U_\ell)^T$$

und den Matrizen

(1.5-14) $$S_{e,1} = \begin{pmatrix} 1 & -1 & 0 \\ -1 & 1 & 0 \\ 0 & 0 & 0 \end{pmatrix};\ S_{e,2} = \begin{pmatrix} 2 & -1 & -1 \\ -1 & 0 & 1 \\ -1 & 1 & 0 \end{pmatrix};\ S_{e,3} = \begin{pmatrix} 1 & 0 & -1 \\ 0 & 0 & 0 \\ -1 & 0 & 1 \end{pmatrix}.$$

Die "Einzelenergie" für ein Dreieck läßt sich insgesamt also berechnen zu

$$\iint_{T_k} (d_1 U_x^2 + d_2 U_y^2)\,dxdy = \frac{1}{2}\, U_e^T S_e U_e$$

mit $S_e = \alpha_k S_{e,1} + \beta_k S_{e,2} + \gamma_k S_{e,3}$.

S_e heißt Elementsteifigkeitsmatrix. Sie wird für jedes Dreieck berechnet. Die Gesamtsteifigkeitsmatrix S läßt sich dann analog dem Vorgehen in 1.3 aus den Matrizen S_e zusammensetzen.
Insgesamt erhält man so für die Deformationsenergie einen Ausdruck der Form

$$W_{def} = \frac{1}{2}\, U^T S U ,$$

wobei U der Vektor der gesuchten Werte U_i ist.

1.5.3 ANWENDUNG AUF ALLGEMEINE FELDPROBLEME - ANSÄTZE HÖHERER ORDNUNG - NUMERISCHE INTEGRATION

Wir wollen die bisherigen Betrachtungen ausdehnen auf allgemeine lineare Feldprobleme. Dabei wird eine Feld-Größe u in Abhängigkeit von den Ortskoordinaten x,y gesucht, die sich durch die Differentialgleichung

$$-\frac{\partial}{\partial x}(d_1(x,y)u_x)-\frac{\partial}{\partial y}(d_2(x,y)u_y)+c(x,y)u(x,y)-f(x,y)=0 \text{ in } G \tag{1.5-15}$$

mit vorgegebenen Randbedingungen, oder gleichwertig durch die Energiegleichung

$$W[u]=\iint_G\{(\frac{1}{2}d_1(x,y)u_x^2+\frac{1}{2}d_2(x,y)u_y^2) + \frac{1}{2}c(x,y)u^2-f(x,y)u\}dxdy = \min \tag{1.5-16}$$

beschreiben läßt. Beispiele hierfür wurden bereits im 1. Kapitel erwähnt.

Der Einfachheit halber sollen zunächst die Größen d_1, d_2, c, f konstant sein. Analog zum Vorgehen im letzten Abschnitt müssen dann in jedem Dreieck T_k die Integralbeiträge

$$\iint_{T_k}(d_1U_x^2+d_2U_y^2)dxdy \;;\quad c\iint_{T_k}U^2dxdy \;;\quad f\cdot\iint_{T_k}U\,dxdy$$

berechnet werden. Im Falle linearer Ansatzfunktionen ist dies für das 1. Integral demonstriert worden. In gleicher Art und Weise erhält man die beiden anderen Beiträge. Man errechnet

$$\iint_{T_k}U^2dxdy=\frac{1}{2}U_e^TM_eU_e=\frac{F_k}{2}U_e^T\hat{M}_e^TU_e$$

$$\text{mit } \hat{M}_e=\frac{1}{6}\begin{pmatrix}2&1&1\\1&2&1\\1&1&2\end{pmatrix}. \tag{1.5-17}$$

(Zur Erinnerung: U_e bezeichnet den Vektor der am Dreieck T_k beteiligten Knotenvariablen, F_k die Fläche von T_k.)

M_e heißt Elementmassenmatrix. Die Gesamtmassenmatrix M baut man dann wie bei den Steifigkeitsmatrizen aus den einzelnen Elementmassenmatrizen zusammen:

(1.5-18) $$\iint_{T_k} U dxdy = U_e^T b_e = F_k \cdot U_e^T \hat{b}_e, \qquad \hat{b}_e = \frac{1}{3}(1,1,1)^T$$

Entsprechend wird der Gesamtlastvektor b zusammengesetzt, der noch mit der Konstanten f multipliziert wird.

Insgesamt erhält man so für die gesuchten Werte U_i den Ausdruck:

(1.5-19) $$W(U) = \frac{1}{2} U^T(S+M)U - U^T b = \min ,$$

man hat also das Gleichungssystem

(1.5-20) $$(S+M)U = b$$

zu lösen.

Bemerkungen:

1. Die Elemente der "Massenmatrix" M sind mit den Flächen F_k multipliziert, so daß sie die gleiche physikalische Dimension wie die Elemente von S haben.
2. Bei Schwingungsproblemen wird die Massenmatrix M gesondert benötigt. Sonst wird man natürlich gleich die gesamte Systemmatrix

   $$A := S+M$$

   kompilieren.

Das Vorgehen bei anderen Ansätzen (z.B. quadratischen oder kubischen, s. Kapitel 1.4) ist völlig analog. Es müssen lediglich die Matrizen S_e und M_e sowie der Vektor f_e bereitgestellt werden. Ihre jeweiligen Größen richten sich natürlich nach der Anzahl der Freiheitsgrade des gewählten Elementes. Als Beispiel soll hier nur der quadratische Ansatz erwähnt werden. Aus Gründen der Übersichtlichkeit numerieren wir dabei die Freiheitsgrade von 1 bis 6 durch.

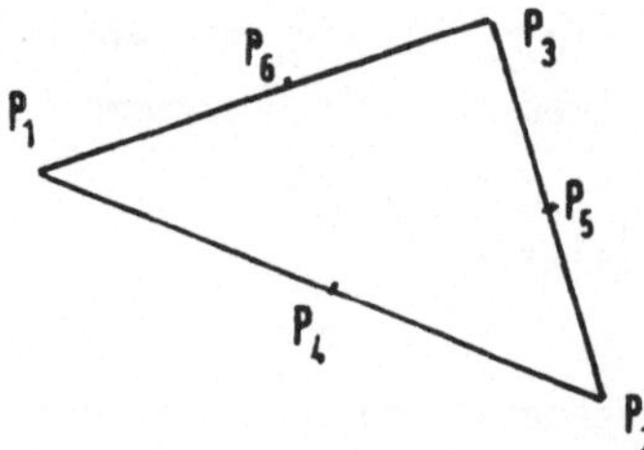

Quadratischer Ansatz

$U_e = (U_1,U_2,U_3,U_4,U_5,U_6)^T$

F_e : Fläche des Dreiecks

$$S_1 = \frac{1}{3}\begin{pmatrix} 3 & 1 & 0 & -4 & 0 & 0 \\ 1 & 3 & 0 & -4 & 0 & 0 \\ 0 & 0 & 0 & 0 & 0 & 0 \\ -4 & -4 & 0 & 8 & 0 & 0 \\ 0 & 0 & 0 & 0 & 8 & -8 \\ 0 & 0 & 0 & 0 & -8 & 8 \end{pmatrix} \quad S_2 = \frac{1}{3}\begin{pmatrix} 6 & 1 & 1 & -4 & 0 & -4 \\ 1 & 0 & -1 & -4 & 4 & 0 \\ 1 & -1 & 0 & 0 & 4 & -4 \\ -4 & -4 & 0 & 8 & -8 & 8 \\ 0 & 4 & 4 & -8 & 8 & -8 \\ -4 & 0 & -4 & 8 & -8 & 8 \end{pmatrix}$$

$$S_3 = \frac{1}{3}\begin{pmatrix} 3 & 0 & 1 & 0 & 0 & -4 \\ 0 & 0 & 0 & 0 & 0 & 0 \\ 1 & 0 & 3 & 0 & 0 & -4 \\ 0 & 0 & 0 & 8 & -8 & 0 \\ 0 & 0 & 0 & -8 & 8 & 0 \\ -4 & 0 & -4 & 0 & 0 & 8 \end{pmatrix} \quad \hat{M}_e = \frac{1}{90}\begin{pmatrix} 6 & -1 & -1 & 0 & -4 & 0 \\ -1 & 6 & -1 & 0 & 0 & -4 \\ -1 & -1 & 6 & -4 & 0 & 0 \\ 0 & 0 & -4 & 32 & 16 & 16 \\ -4 & 0 & 0 & 16 & 32 & 16 \\ 0 & -4 & 0 & 16 & 16 & 32 \end{pmatrix}$$

$$\hat{b}_e = \frac{1}{3}\,(0,0,0,1,1,1)^T$$

$S_e = \alpha_e S_1 + \beta_e S_2 + \gamma_e S_3$; $M_e = F_e \hat{M}_e$; $b_e = F_e \cdot \hat{b}_e$.
Die Größen α,β,γ waren in (1.5-10) definiert.

Die Matrizen für weitere Elementtypen findet man in [17].

Ein wesentlicher Vorteil der oben beschriebenen Methode besteht in der klaren Trennung von geometrischen Daten ($\alpha_k,\beta_k,\gamma_k,F_k$) und den Daten für die Form des Ansatzes, so daß die Flexibilität der Methode nicht beeinträchtigt wird. (Will man z.B. Ansatzfunktionen höherer Ordnung verwenden, so braucht man dafür kein neues Programm.) Es müssen lediglich die Matrizen $S_{e,1}$, $S_{e,2}$, $S_{e,3}$, $\hat{M}_e$ für die verschiedenen Ansätze gespeichert werden, was aber nicht ins Gewicht fällt, da diese Matrizen klein sind im Vergleich zu den Systemmatrizen und zudem ganzzahlig gespeichert werden können. Eine ausführliche Diskussion des Problems findet man in [17].

Andere Methoden zum Aufstellen der Systemmatrix sollen nur in Stichworten erwähnt werden:

1. Berechnung der Steifigkeitsmatrix mittels"Formfunktionen". Man vgl. hierzu etwa [17].
2. Aufstellen der Systemmatrix in Verbindung mit der "Frontlösungsmethode" ("front tracking"). Hierbei werden das Berechnen von Elementmatrizen und einzelne Schritte zur Lösung der entstehenden Gleichungen, soweit möglich, schon simultan durchgeführt, um Speicherplatz zu sparen. Diese Methode ist insbesondere für kleinere Rechner interessant (siehe auch Teil 2).

Bisher hatten wir stets die Situation, daß die Integrale zum Aufstellen von Steifigkeitsmatrix, Massenmatrix und Lastvektor exakt gelöst werden konnten. Dies ist nicht mehr praktikabel, oder zumindest nicht mehr sinnvoll,

1. falls die Koeffizienten d_1, d_2, c, f in der Differenitalgleichung variabel sind,
2. falls isoparametrische Elemente verwendet werden.

In diesen Fällen ist man auf <u>numerische Integration</u> angewiesen. Hierbei benutzt man Formeln der Art:

$$\iint_{T_k} g(x,y)\,dxdy \qquad \text{wird ersetzt durch} \tag{1.5-21}$$

$$\sum_{i=1}^{n} w_i g(x_i,y_i) \; ,$$

oft "Quadraturformeln" oder im 2-dimensionalen Fall "Kubaturformeln" genannt, die je nach Anzahl und Auswahl der "Stützstellen" $(x_i,y_i) \in T_k$ bei entsprechenden "Gewichten" w_i Approximationen verschiedener Güte für das Integral liefern.

<u>EINFACHSTES BEISPIEL:</u>

Die "Schwerpunktregel" lautet

$$\iint_{T_k} g(x,y) \approx g(S_k)\cdot F_k \; ,$$

wobei S_k der Schwerpunkt des Dreiecks T_k ,

F_k die Fläche des Dreiecks T_k bedeuten.

BEISPIEL:

Bei Problemen 2. Ordnung, also z.B. bei der Membrangleichung mit dem Energiefunktional

$$\iint\limits_G \{\frac{1}{2}(c_1 u_x^2 + c_2 u_y^2) - f\cdot u\}\,dxdy$$

mit von x und y abhängigen Funktionen c_1, c_2 weiß man, daß für volle Polynomansätze mit dem Grad k die Quadraturformel noch Polynome vom Grade 2k-2 exakt integrieren muß (z.B. bei quadratischen Ansatzfunktionen würde die 2. Quadraturformel in der unten angegebenen Tabelle ausreichen), um Einbußen bei der Konvergenzordnung zu vermeiden. ■

Die nachfolgende Tabelle gibt einen Überblick über die einfachsten (und gebräuchlichsten) Kubaturformeln.

Stützpunkte S: Schwerpunkt a: Eckpunkt b: Seitenmittelpunkt F: Fläche von Dreieck T	Polynome mit folgendem Grad werden noch exakt integriert	$\iint\limits_T g(x,y)\,dxdy$ wird angenähert durch:
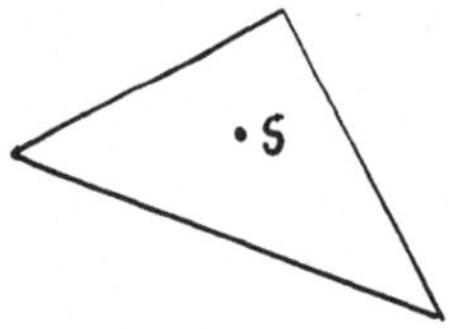 S	1	$F\cdot g(S)$
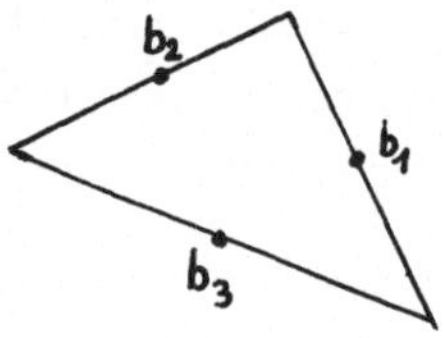 b_1, b_2, b_3	2	$\frac{1}{3}F[g(b_1)+g(b_2)+g(b_3)]$
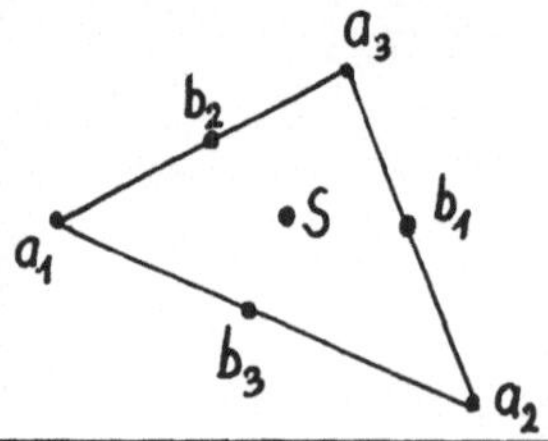 a_1, a_2, a_3, b_1, b_2, b_3, S	3	$\frac{1}{60}F\cdot[27g(S)+ 8(g(b_1)+g(b_2)+g(b_3))+ 3(g(a_1)+g(a_2)+g(a_3))]$

Genauere Formeln sind natürlich aufwendiger. Bei der Auswahl muß man die Ordnung der Differentialgleichung und den Polynomgrad der Ansatzfunktionen berücksichtigen. Die Quadraturformel sollte so genau sein, daß der Genauigkeitsgrad der Finite-Element-Approximation nicht beeinträchtigt wird, andererseits wegen des damit verbundenen Aufwandes auch nicht genauer als hierzu notwendig.

Die Kubaturformeln benötigt man jeweils nur in einem Element. Die Integrationen werden zweckmäßigerweise, insbesondere bei isoparametrischen Elementen, auf dem Referenzelement T_0 (s. letzer Abschnitt) durchgeführt.

Die einzelnen Elementbeiträge lassen sich dann wie im ursprünglichen Fall zu einer Gesamtmatrix kompilieren.

Literatur zum Komplex der numerischen Integration findet man etwa in [4], [21], [17] und [29].

1.5.4 EIN BEISPIEL FÜR EIN SYSTEM VON DIFFERENTIALGLEICHUNGEN

Bisher hatten wir nur Feldprobleme behandelt, d.h. es wird eine Größe u in Abhängigkeit vom Ort gesucht. Viele Probleme in der Elasto- oder Strömungsmechanik und der Elektrotechnik führen aber auf ein System von Differentialgleichungen, bei dem z.B. zwei Größen u(x,y), v(x,y) gesucht sind. Als einfaches Beispiel behandeln wir nur die Verzerrung einer dünnen Scheibe. Mathematisch kann man sie beschreiben durch

(1.5-22) $$W = h\left(\frac{1}{2}\iint_G \sigma^T \varepsilon \, dxdy - \iint_G p^T f \, dxdy - \int_\Gamma q^T f \, ds\right) = \min.$$

Dabei bedeuten: h = Dicke der Scheibe,
ε = Verzerrungsvektor,
σ = Spannungsvektor,
p = Vektor der Raumkräfte,
q = Vektor der Randkräfte,
f = (u,v) Vektor der Verschiebungen (in x- bzw. y-Richtung).

Das erste Integral, das die Deformationsenergie beschreibt, kann man umschreiben als

$$(1.5\text{-}23)\qquad \frac{2}{h}\cdot W_{def} = \frac{E}{1-\nu^2}\iint\limits_G [u_x^2+2\nu u_x v_y+v_y^2+\tfrac{1}{2}(1-\nu)(u_y+v_x)^2]dxdy$$

mit E:= Elastizitätsmodul; ν:= Poisson-Zahl.

Im Ritz-Verfahren muß man jetzt 2 Ansatzfunktionen $U(x,y)$ und $V(x,y)$ bestimmen. Üblicherweise wird man aber für beide die gleiche Triangulierung und den gleichen Elementtyp verwenden, was die Behandlung wesentlich vereinfacht. Grob gesagt, ist die Gleichbehandlung dann gerechtfertigt, wenn physikalische Dimensionen und Größenordnungen von u und v übereinstimmen. Für ein Dreieck T_k können dann die Knotenvariablen U_e und V_e zu einem Vektor $Z_e = (U_e,V_e)^T$ zusammengefaßt werden.
Für die Einzelintegrale erhält man Ausdrücke der Art

$$(1.5\text{-}24)\qquad \begin{aligned}&\iint\limits_{T_k}(U_x^2+2\nu U_x V_y+V_y^2+\tfrac{1}{2}(1-\nu)(U_y+V_x)^2)dxdy = Z_e^T S_e Z_e\\ &= (U_e^T,V_e^T)\begin{pmatrix}S_{11},S_{12}\\ S_{21},S_{22}\end{pmatrix}\begin{pmatrix}U_e\\ V_e\end{pmatrix}.\end{aligned}$$

Die Teilmatrizen S_{11} bzw. S_{22} berücksichtigen hierbei die Terme, die nur von U_e bzw. V_e abhängen und entsprechen den Steifigkeitsmatrizen bei Feldproblemen. S_{12} bzw. S_{21} sind für die gemischten Ausdrücke zuständig. Wichtig für die Abspeicherung ist, daß $S_{21}^T = S_{12}$, die Gesamtmatrizen werden also wieder symmetrisch.
Für die anderen Integrale ergeben sich wieder analoge Ausdrücke, jeweils in "Blockform". (Man vergleiche die Behandlung des Stabwerkes in Abschnitt 1.3.2!) Für eine genauere Beschreibung sei wieder auf [17] verwiesen.

1.5.5 PROBLEME DER KONFORMITÄT ANHAND DER PLATTENGLEICHUNG

Bisher haben wir nur Probleme 2. Ordnung behandelt. In der Elastomechanik aber z.B. sind viele Differentialgleichungsprobleme 4. Ordnung.

BEISPIEL:
Die Gleichung für die eingespannte Platte lautet:

$$\Delta\Delta u = u_{xxxx}+2u_{xxyy}+u_{yyyy} = f \quad \text{in } G ,$$

$$u = \frac{\partial u}{\partial n} = 0 \text{ auf } \Gamma \quad \text{(n bezeichnet die Normale bzgl. } \Gamma).$$

Die zugehörige potentielle Energie ergibt sich zu

$$W = \iint_G \{u_{xx}^2+u_{yy}^2+2\nu u_{xx}u_{yy}+ (1-\nu)u_{xy}^2-2fu\}dg .$$

ν bezeichnet die "Poisson-Zahl".
Setzt man z.B. die Näherungsfunktion U als stückweise linear an, so hat die erste Ableitung an den Elementschnittflächen i.a. einen Sprung, d.h. die 2. Ableitung wird singulär. Ein Integralbereich etwa der Form

$$\iint_G U_{xx}^2 dg$$

kann also nicht mehr berechnet werden.

Elemente, die nicht die notwendigen Glattheitseigenschaften zur Durchführbarkeit der Integration (in der Energiegleichung) besitzen, nennt man nichtkonform bezüglich der Plattengleichung (Konformität bezieht sich immer auf ein gegebenes Problem!).
Theoretisch müßte man hier also Ansatzfunktionen verwenden, deren Ableitungen noch stetig sind. Beispiele hierfür sind das H.C.T. Element oder das Argyris-Element (vgl. 1.4.2). Natürlich muß man die Konformität bei Verwendung dieser Elemente mit entsprechend höherem Konstruktions- und Berechnungsaufwand erkaufen.
Es bleibt die Frage, inwieweit es vertretbar ist, bei gegebenen Problemen mit nichtkonformen Elementen zu rechnen. Physikalisch bedeutet dies, daß man die Energiebeiträge, die an den Schnittstellen entstehen oder verlorengehen (in der Mechanik: Schnittflächenscheinarbeit), außer acht läßt. Dies kann, grob formuliert, gerechtfertigt werden, wenn die Fehler durch die Schnittflächenscheinarbeit nicht die Größenordnung der Approximationsfehler überschreiten. Es gibt Elemente, die für Probleme 4. Ordnung nichtkonform sind, dennoch aber gute Näherungslösungen liefern. In manchen Fällen gibt der "Patch-Test" (s. [21], [29] oder [17]) einen Hinweis darauf, ob bei Verwendung nichtkonformer Elemente und bei entsprechend feiner Triangulierung noch brauchbare Näherungslösungen zu erwarten sind.

Leider sind sowohl Fälle bekannt, in denen der Patch-Test positiv ausfällt, das Verfahren aber nicht brauchbar ist, als auch umgekehrt: der Patch-Test versagt, trotzdem liefert das Verfahren gute Näherungen. Es ist für Mathematiker noch eine nicht befriedigend beantwortete Frage, ob durch einfache Zusatzbedingungen dieser Test zu einem vernünftigen Kriterium ausgebaut werden kann.

1.5.6 BERÜCKSICHTIGUNG VON RANDBEDINGUNGEN

In den vorhergehenden Abschnitten wurde aufgezeigt, wie aus dem gegebenen physikalischen Problem als Ersatzproblem ein lineares Gleichungssystem

$$SU = b$$

für die gesuchten Knotenvariablen U_i konstruiert wird. Noch nicht berücksichtigt sind hier die Randbedingungen, nach denen einige Randvariable noch vorgegebene Werte annehmen müssen. Es zeigt sich, daß auch erst dann das Gleichungssystem eindeutig lösbar wird. (Man vergleiche die Betrachtungen in Abschnitt 1.3.2).
Dazu müssen S und b noch geeignet modifiziert werden. Wie bereits in Abschnitt 1.3.1 angedeutet, muß man hier unterscheiden zwischen "natürlichen" und "geometrischen" Randbedingungen. In der Formulierung des Variationsproblems sind die natürlichen Randbedingungen bereits in den Randintegralteil eingearbeitet und deshalb für die Lösung automatisch erfüllt. Man vgl. auch Abschnitt 1.1.3. Das Variationsproblem ist hier durch die Formel (1.1-15) beschrieben. Auf dem Teil des Randes Γ_1 sind natürliche Randbedingungen vorgeschrieben, sie sind durch Formel (1.1-17) beschrieben, auf Γ_2 dagegen geometrische Randbedingungen. Natürliche Randbedingungen treten meist als reine "Neumann-Bedingungen" auf, d.h. die Normalableitung der Lösung ist auf einem Teil des Randes vorgegeben. Berücksichtigt werden muß also jetzt nur noch der Teil des Randes, auf dem geometrische Randbedingungen vorgeschrieben sind. Wir beschränken uns hier auf den Fall von Dirichlet-Bedingungen, d.h. für die Funktionswerte auf dem Rande sind feste Zahlenwerte vorgegeben.

Einfach ist die Situation bei homogenen Randbedingungen: Gilt z.B. für einen Randpunkt P_k

$$U_k = 0 ,$$

so kann man

(1.5-25)
1. in der Matrix S die Spalte k sowie die Zeile k durch Nullen ersetzen;
2. die Komponente b_k durch 0 ersetzen;
3. das Diagonalelement s_{kk} von S gleich 1 setzen.

Bei inhomogenen Randbedingungen ist darauf zu achten, daß durch ähnliche Modifikationen die Symmetrie von S nicht zerstört wird. Es ist folgendes Vorgehen möglich: Ist für U_k der Wert r_k vorgegeben, so kann man

(1.5-26)
1. $b_i \rightarrow b_i - s_{ik} \cdot r_k$ für alle i setzen;
2. in S Spalte k und Zeile k 0 setzen, $s_{kk} = 1$ setzen;
3. $b_k = r_k$ setzen.

Die oben beschriebenen Modifikationen der Systemmatrix S erhalten ihre Symmetrie. Ein kleiner Nachteil besteht darin, daß einige irrelevante Gleichungen erhalten bleiben. Es gibt allerdings die Möglichkeit, diese unnötigen Informationen (Gleichungen) noch herauszufiltern. Dieses Vorgehen heißt Kondensation. Näheres hierzu kann man in [17] nachlesen.

1.5.7 STRUKTUR DER FE-MATRIZEN

Die bei der Methode der Finiten Elemente entstehenden Systemmatrizen haben drei nützliche Eigenschaften, die zum Teil die Effizienz der Methode begründen:

1. Sie sind symmetrisch. Dies erkennt man direkt am Ritz-Ansatz oder an der Tatsache, daß schon die Elementmatrizen symmetrisch sind. Es muß also - grob gesagt - nur die Hälfte ihrer Elemente explizit berechnet und abgespeichert werden, zudem sind für Gleichungssysteme mit symmetrischen Matrizen effektive Lösungsalgorithmen bekannt.
2. Sie sind positiv definit. Diese Eigenschaft sichert zum einen die Eindeutigkeit der berechneten Lösung, zum anderen läßt sie in Verbindung mit der Symmetrie spezielle Lösungsalgorithmen für die Gleichungssysteme zu.
3. Die Matrizen sind dünn besetzt (engl.: sparse), d.h. nur relativ wenige Elemente sind von 0 verschieden und müssen deshalb gespeichert werden. In der Regel treten Bandstrukturen auf. Die Bandbreite hängt dabei von der

Knotennumerierung (s. Übung 1.5.2) und der Art der Ansatzfunktionen ab. Ansatzfunktionen höherer Ordnung bewirken eine größere Bandbreite, weshalb es nicht angebracht ist, die Ordnung zu sehr in die Höhe zu treiben. Denn sonst ginge ein wesentlicher Vorteil der Methode wieder verloren. Ansätze von höherer Ordnung als 5 (Quintic) sind nicht üblich.

Zur (im Sinne der Bandbreitenminimierung) optimalen oder zumindest fast optimalen Knotennumerierung gibt es Algorithmen, z.B. den Algorithmus von Cuthill-McKnee oder den Algorithmus von Rosen. Eine Beschreibung findet man in [17].

ÜBUNGEN ZU 1.5

Ü1.5.1

a) Zur Berechnung der Membrangleichung mit linearen Finiten Elementen ist die Triangulierung und Numerierung unten vorgegeben. Es soll $d_1 = d_2 = 1$ gelten.

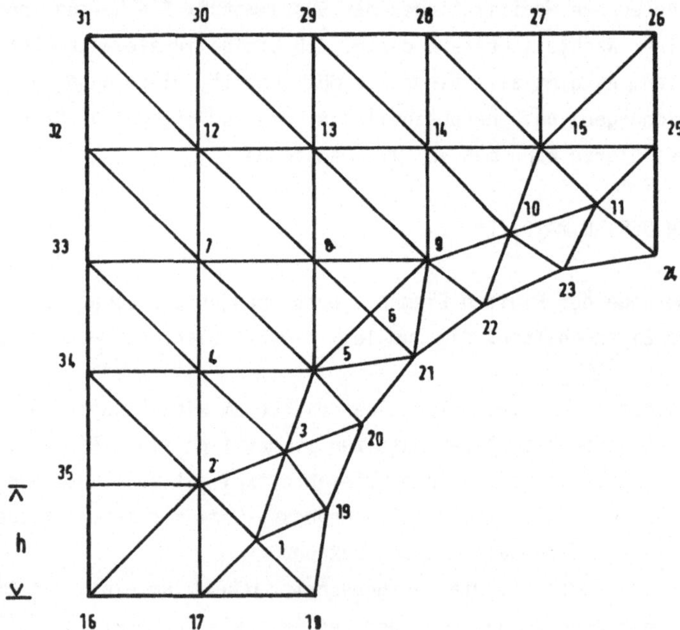

Für die Steifigkeitsmatrix S sollen die Komponenten $S_{7,8}$, $S_{7,7}$, $S_{8,7}$ berechnet werden. Zeichnen Sie dazu zunächst die Träger der Ansatzfunktionen ψ_7 bzw. ψ_8 im Bild ein. Berechnen Sie dann (nur die benötigten) partiellen Ableitungen. Mit den so erhaltenen Werten sind die Integrale zu berechnen.

b) Wie oft kommt beim Erstellen der Steifigkeitsmatrix S die Integration über das Dreieck $T_{7,8,12}$ vor?

Ü1.5.2

a) Für die Membrangleichung und die Triangulierung wie in Aufgabe 1.5.1 sollen für die beiden Dreiecke

$$T_{34,2,4} \quad \text{und} \quad T_{7,8,12}$$

jeweils die Elementsteifigkeitsmatrizen S_e berechnet werden.

Hinweis: Man arbeite nach folgendem Schema:

$T_{34,2,4}$: $\alpha = 1$ $\beta =$ $\gamma =$

$S_e = \alpha S_1 + \beta S_2 + \gamma S_3$

$S_e =$

$T_{7,8,12}$: $\alpha =$ $\beta =$ $\gamma =$

$S_e =$

Die Größen $\alpha, \beta, \gamma, S_i$ sind in Abschnitt 1.5.2 erklärt.

b) Man trage beide Elementsteifigkeitsmatrizen in die Gesamtsteifigkeitsmatrix ein.

c) Markieren Sie in dem Teil von S, der für die inneren Punkte gilt, die Elemente durch *, die anderen Werte als 0 annehmen können und bestimmen Sie die Bandbreite der Matrix. (Das Band ist der Bereich der Matrix, in dem Nichtnullelemente vorkommen. Die Breite wird durch die Zeile mit dem größten derartigen Bereich bestimmt.)

1.6 FINITE DIFFERENZEN UND FINITE ELEMENTE BEI QUASILINEAREN PROBLEMEN

Quasilineare Probleme entstehen meist durch nichtlineare Materialgesetze (z.B. Federn, Membranen oder Platten bei großer Auslenkung, nicht Newton'sche Fluide etc.). Ihre Behandlung wird in der Technik zunehmend wichtiger. Bei der Diskretisierung werden aber sehr oft Linearisierungen vorgenommen, die die verbesserte Modellierung durch nichtlineare Gleichungen wieder - zumindest teilweise - zunichte machen können. Der Grund hierfür liegt einseits in einer gewissen Angst vor großen nichtlinearen Gleichungssystemen, wie sie bei der Diskretisierung entstehen, andererseits in der Ausnutzung vorhandener Software, die meist auf lineare Gleichungssysteme ausgelegt ist. Im zweiten Teil des Bandes wird gezeigt, daß auch einige Typen nichtlinearer Gleichungssysteme erfolgreich gelöst werden können, insbesondere wenn sie "dünn besetzt" sind. Prinzipiell kann man deshalb bei manchen Diskretisierungen auf Linearisierung verzichten, wenn sie geeignet angelegt sind. Nur diese Diskretisierungen sollen im folgenden angesprochen werden.

Unterschiede gegenüber den linearen Problemen demonstrieren wir anhand des <u>quasilinearen Torsionsproblems</u> (vgl. 1.1):

(1.6-1) $$-\frac{\partial}{\partial x}(g(u_x^2+u_y^2)u_x)-\frac{\partial}{\partial y}(g(u_x^2+u_y^2)u_y)-2\omega G = 0 \text{ auf } G,$$

$$u = 0 \text{ auf } \Gamma$$

oder des äquivalenten Variationsproblems

(1.6-2) $$\iint_G \{g(u_x^2+u_y^2)(u_x^2+u_y^2)-4\omega Gu\}dxdy = \min.$$

Ein häufiges Materialgesetz hat dabei z.B. die Form

(1.6-3) $$g(u_x^2+u_y^2) = 1+c(u_x^2+u_y^2) ,$$

wobei c eine Materialkonstante ist.
Durch diese Beziehung kann man für einen Querschnitt des Stabes die Schubspannungsfunktion u in Abhängigkeit vom Verdrillungswinkel ω berechnen.

1.6.1 DIFFERENZENVERFAHREN

Das Vorgehen ist völlig analog dem in Kap. 1.2:
Das Grundgebiet G wird mit einem Punktgitter überzogen, anstatt der kontinuierlichen Funktion u(x,y) sucht man nun nach einer Gitterfunktion U. Bestimmungsgleichungen für ihre Komponenten erhält man, indem man Ableitungen durch Differenzenquotienten ersetzt. So wird z.B.

$$- \frac{\partial}{\partial x} (g \cdot u_x) \Big|_{\substack{x=x_i \\ y=y_j}}$$

ersetzt durch

$$\frac{-g_{i+\frac{1}{2},j} \frac{U_{i+1,j}-U_{i,j}}{h} - g_{i-\frac{1}{2},j} \frac{U_{i,j}-U_{i-1,j}}{h}}{h} . \tag{1.6-4}$$

Dabei bedeutet

$$g_{i+\frac{1}{2},j} = g\Big(\Big(\frac{U_{i+1,j}-U_{i,j}}{h}\Big)^2 + \Big(\frac{1}{2}\,\frac{U_{i,j+1}-U_{i,j-1}}{2h} + \frac{1}{2}\,\frac{U_{i+1,j+1}-U_{i+1,j-1}}{2h}\Big)^2\Big) , \tag{1.6-5}$$

wodurch

$$g(u_x^2+u_y^2) \Big|_{\substack{x=x_i+\frac{h}{2} \\ y=y_j}}$$

ersetzt wird. Entsprechend wird $-\frac{\partial}{\partial y}(g \cdot u_y)$ diskretisiert.
Auf diese Art werden immer neun Freiheitsgrade miteinander verknüpft. (Vgl. Abschnitt 1.2.2)

Für jeden inneren Punkt i,j erhält man so eine nichtlineare Gleichung der Art

$$F_{i,j}(U_{i-1,j-1}, U_{i,j-1}, U_{i+1,j-1}, U_{i-1,j}, U_{i,j}, U_{i+1,j}, U_{i-1,j+1}, U_{i,j+1}, U_{i+1,j+1}) = 0 \tag{1.6-6}$$

Struktur und Eigenschaften des Systems (insbesondere im Hinblick auf Lösungsverfahren) können an der Funktionalmatrix F' abgelesen werden. Sie entsteht durch partielle Ableitungen der Einzelgleichungen nach den Freiheitsgraden:

$$F' = \left(\frac{\partial F_{ij}}{\partial U_k}\right).$$

BEISPIEL

(nur 2 Freiheitsgrade)

$$\begin{aligned} F_1(U_1,U_2) &= U_1^2 - U_1U_2 + U_2 \\ F_2(U_1,U_2) &= \sin(U_1) + U_2^3 \end{aligned} \rightarrow F' = \begin{pmatrix} 2U_1 - U_2 & -U_1 + 1 \\ \cos(U_1) & 3u_2^2 \end{pmatrix}$$

2x2-Matrix ■

F' hat in unserem Fall folgende Eigenschaften:

1. Bandstruktur,
2. Diagonaldominanz, falls die Gitterabstände genügend klein sind.

F' ist allerdings leider nicht notwendig symmetrisch (und damit auch nicht positiv definit).

1.6.2 DISKRETISIERUNG DER ENERGIE

Anstelle der Differentialgleichung kann man auch direkt den zu minimierenden Ausdruck für die Energie diskretisieren. Diese Methode wird häufig als das Verfahren finiter Volumina, engl. Finite Volume-Method, bezeichnet. Sie soll hier nur grob skizziert werden:

Das Gebiet G wird wieder mit einem Punktegitter überzogen, auf dem eine Gitterfunktion U gesucht wird. Das Integral wird jetzt durch eine Quadraturformel ersetzt, die sich an den Gitterpunkten orientiert, die Ableitungen entsprechend durch Differenzenquotienten (s. Schema).
Um das Funktional zu minimieren, müssen die partiellen Ableitungen nach den Freiheitsgraden U_k verschwinden. Diese Bedingung ergibt ein Gleichungssystem für die Unbekannten U_k.

Schema:

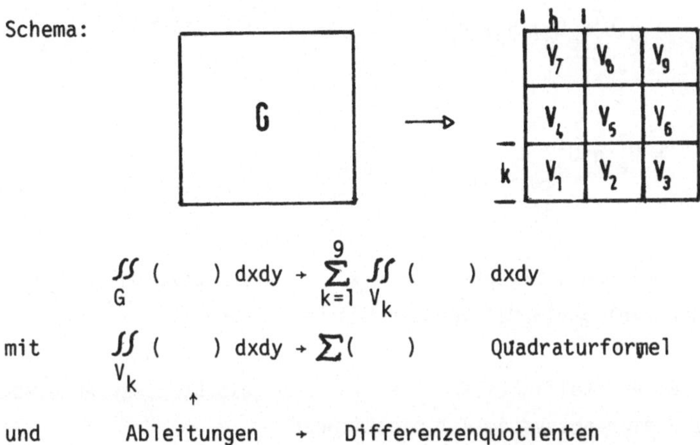

$$\iint\limits_G (\qquad) \, dxdy \rightarrow \sum_{k=1}^{9} \iint\limits_{V_k} (\qquad) \, dxdy$$

mit $\iint\limits_{V_k} (\qquad) \, dxdy \rightarrow \sum (\qquad)$ Quadraturformel

und Ableitungen $\rightarrow$ Differenzenquotienten

Die Struktur des nichtlinearen Gleichungssystems kann wieder an der Funktionalmatrix abgelesen werden:

1. F' hat Bandstruktur,
2. F' ist diagonaldominant, falls h und k genügend klein sind,
3. F' ist symmetrisch!

1.6.3 FINITE ELEMENTE BEI QUASILINEAREN PROBLEMEN

Das Vorgehen bei der Methode der Finiten Elemente ist zunächst unverändert gegenüber dem linearen Fall: Die Gesamtenergie wird zerlegt in Einzelenergien über jedem Dreieck der Triangulierung und die gesuchte Funktion u(x,y) wird durch eine Ansatzfunktion U(x,y) ersetzt. Das Ersatzproblem lautet dann

$$\sum_k \iint\limits_{T_k} \{g(U_x^2+U_y^2)(U_x^2+U_y^2)-4\omega GU\} dxdy = \min . \tag{1.6-7}$$

Ausdrücke der Art $U_x^2+U_y^2$ kennen wir schon von Kapitel 1.5 her. Sie lassen sich in jedem Dreieck darstellen als

$$U_x^2+U_y^2 = U_e^T S_e U_e \, ,$$

wobei wieder U_e den Vektor der am Dreieck T_k beteiligten Knotenvariablen und S_e die Elementsteifigkeitsmatrix bezeichnet, die sich im linearen Fall ergeben hatte. Wenn man z.B. lineare Elemente und numerische Integration verwendet, dann erhält man einen Ausdruck der Art:

$$W_{def}\Big|_{T_k} = \underbrace{g(U_e^T S_e U_e)}_{\text{Skalar!}} \cdot U_e^T S_e U_e \tag{1.6-8}$$

$$= U_e^T \underbrace{g(U_e^T S_e U_e)\cdot S_e}_{\hat{S}_e} \cdot U_e = U_e^T \hat{S}_e U_e$$

also eine modifizierte Elementsteifigkeitsmatrix, die aber jetzt durch die Multiplikation mit der Zahl $g(U_e^T S_e U_e)$ von der Lösung U_e abhängt.

Somit hängt auch die Gesamtsteifigkeitsmatrix von den gesuchten Werten U ab, d.h. das entstehende Gleichungssystem ist nichtlinear:

$$F(U) = S(U)\cdot U - f(U) = 0 \,, \tag{1.6-9}$$

wobei in f noch Ableitungen der Elemente von S auftreten. Das Aufstellen bereitet keinen großen Mehraufwand gegenüber dem linearen Fall.

Die Funktionalmatrix F' hat in unserem Beispiel (bei physikalisch sinnvollen Größen U_i) die gewünschten Eigenschaften:

1. Bandstruktur,
2. Diagonaldominanz,
3. Symmetrie, positive Definitheit.

Für derartige Gleichungssysteme werden in 2.3 geeignete Algorithmen zur näherungsweisen Lösung bereitsgestellt.

1.6.4 EIN QUASILINEARES PROBLEM AUS DER MAGNETOSTATIK

Das hier behandelte Beispiel verfolgt zwei Ziele: Einmal soll die Analogie zwischen mechanischen und elektrotechnischen Problemen aufgezeigt werden. Sie erlaubt es, auf letztere die gleichen Methoden anzuwenden, die anhand von Beispielen aus der Mechanik demonstriert wurden. Andererseits bietet dies eine Gelegenheit, die einzelnen Schritte bei der Methode der Finiten Elemente sowie die Behandlung von variablen Koeffizienten und Nichtlinearitäten noch einmal vorzuführen.

1. Problembeschreibung

Es soll das Streufeld in einem Transformator berechnet werden. Das Feld soll rotationssymmetrisch sein, so daß die Berechnung längs eines Querschnittes genügt. Das Problem reduziert sich damit auf 2 Raumdimensionen.

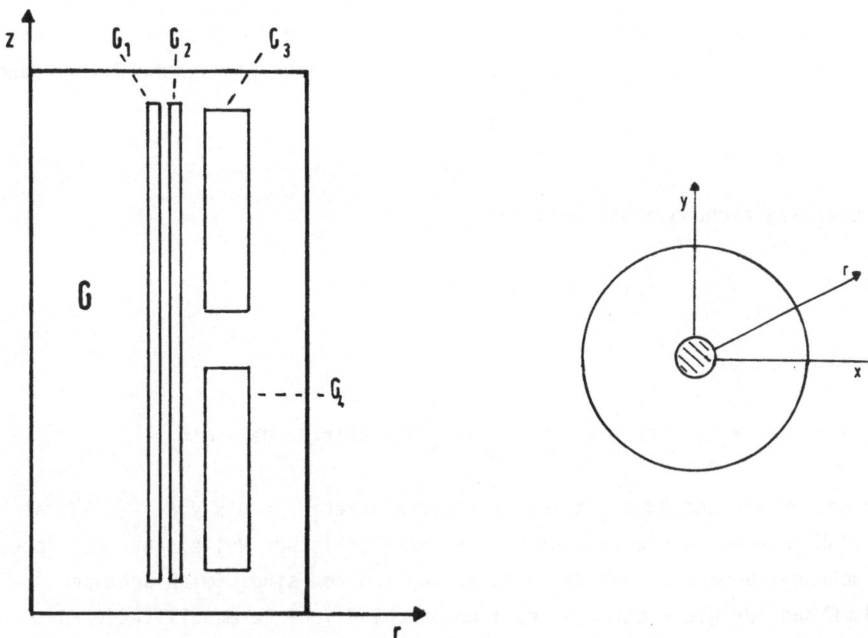

In den Wicklungen, gekennzeichnet durch die Bereiche G_i, ist jeweils eine Stromdichte J_i vorgegeben. Gesucht ist die magnetische Induktion $\vec{B} = (B_r, B_z)^T$. Sie genügt den Differentialgleichungen

$$\text{(1.6-10)} \qquad \operatorname{rot}\left(\frac{\vec{B}}{\mu}\right) = \vec{J} \;, \quad \operatorname{div} \vec{B} = 0 \;.$$

μ ist hierbei die Permeabilität. Sie hängt vom Material (hier also: vom Ort) und vom Feld $\vec{B}$ selbst ab. Die Gleichung ist deshalb i.a. quasilinear.

Man führt als Hilfsgrößen das Vektorpotential $\vec{A}$ mit

(1.6-11) $$\operatorname{rot} \bar{A} = \vec{B}$$

ein. Dadurch ist automatisch div $\vec{B} = 0$. Da von $\vec{B}$ nur die Komponenten B_r und B_z gesucht werden, genügt eine Komponente von $\vec{A}$, hier A genannt. Es ist dann

(1.6-12) $$V_r = -\frac{\partial A}{\partial z} \quad , \quad B_z = \frac{A}{r} + \frac{\partial A}{\partial r} \; .$$

Als Energiegleichung erhält man

(1.6-13) $$W[A] = \iint_G \{\frac{1}{2\mu} \, |B|^2 - JA\} r \, dr \, dz = \min$$

oder mit $\nu := \frac{1}{\mu}$

(1.6-14) $$W[A] = \iint_G \{\frac{1}{2} \, \nu((\frac{\partial A}{\partial z})^2 + (\frac{A}{r} + \frac{\partial A}{\partial r})^2) - JA\} r \, dr \, dz = \min \; .$$

Hier denken wir uns das nichtlineare Materialgesetz $\nu = \nu(x,y,A, \frac{\partial A}{\partial r}, \frac{\partial A}{\partial z})$ als Funktion gegeben. Wir wollen hier - in unrealistischer Weise, aber zur Vereinfachung - annehmen, daß die Materialien isotrop sind. Im anisotropen Fall muß man für die Richtungen r, z unterschiedliche Permeabilitäten ansetzen. Das kann bei sehr unterschiedlichen Größenordnungen durchaus zu numerischen Problemen führen.

2. Triangulierung

Sie bereitet hier in der Regel keine Schwierigkeiten, da die Grobstruktur durch die unterschiedlichen Gebiete G_i (unterschiedliche Materialien) schon vorgegeben ist und nur einfache geometrische Figuren enthält. Verfeinern wird man dann hauptsächlich in Gebieten, in denen eine größere Änderung von A zu erwarten ist.

3. Erstellen des Gleichungssystems

A soll jetzt durch die einfachsten linearen Elemente approximiert werden. Um die Notation der vorangegangenen Abschnitte beibehalten zu können, wollen wir die Ansatzfunktion, die A approximieren soll, wieder <u>U(r,z)</u> nennen.

Folgende Integrale müssen jetzt berechnet werden:

$$\iint_{T_k} \{\frac{1}{2}\, \nu((\frac{\partial U}{\partial z})^2 + \frac{U^2}{r^2} + 2\frac{U}{r}\frac{\partial U}{\partial r} + (\frac{\partial U}{\partial r})^2) - JU\} r\, dr\, dz \tag{1.6-15}$$

Die variablen Größen ν, r, J kann man durch ihre Werte im Schwerpunkt S_k des Dreiecks T_k ersetzen (einfachste numerische Integration). Mit der Notation

$$r(S) := r_S\,,\quad J(S) := J_S\,,\quad \nu(S) := \nu_S$$

erhält man dann

$$\iint_{T_k} \{\frac{1}{2}\, \nu_S((\frac{\partial U}{\partial z})^2 + \frac{U^2}{(r_S)^2} + 2\frac{U}{r_S}\cdot\frac{\partial U}{\partial r} + (\frac{\partial U}{\partial r})^2 - J_S\cdot A\} r_S dr dz\,. \tag{1.6-16}$$

Für die Integrale über die Terme

$$(\frac{\partial U}{\partial z})^2\,,\quad (\frac{\partial U}{\partial r})^2\,,\quad U^2\,,\quad U$$

kann man jetzt die in den Abschnitten 1.5.2 bzw. 1.5.3 hergeleiteten Elementmatrizen benutzen.

Es bleibt der Term $U\frac{\partial U}{\partial r}$, für den ebenfalls eine Elementmatrix hergeleitet werden muß. Wie in Abschnitt 1.5.2 erhält man unter Zuhilfenahme des Referenzdreiecks T_o

$$\begin{aligned} &\iint_{T^k} U\,\frac{\partial U}{\partial r}\, drdz \\ &= \iint_{T_o} \delta_k U\,\frac{\partial U}{\partial \xi}\, d\xi d\eta + \iint_{T_o} \varepsilon_k U\,\frac{\partial U}{\partial \eta}\, d\xi d\eta \\ &= \frac{\delta_k}{2}\, U_e^T S_{e,4} U_e + \frac{\varepsilon_k}{2}\, U_e^T S_{e,5} \end{aligned} \tag{1.6-17}$$

mit $U_e = (U_i, U_j, U_\ell)^T$ und

$$S_{e,4} = \frac{1}{12}\begin{pmatrix} -2 & 0 & -1 \\ 0 & 2 & 1 \\ -1 & 1 & 0 \end{pmatrix},\quad S_{e,5} = \frac{1}{12}\begin{pmatrix} -2 & -1 & 0 \\ -1 & 0 & 1 \\ 0 & 1 & 2 \end{pmatrix} \tag{1.6-18}$$

Die Größen δ_k und ε_k hängen wieder nur von der Lage der Eckpunkte P_i, P_j, P des Dreiecks T_k ab.

Der Ausdruck $\nu = \nu(r,z,A, \frac{\partial A}{\partial r}, \frac{\partial A}{\partial z})$ kann durch

$$\nu_S := \nu(r_S, z_S, \frac{1}{3}(U_i+U_j+U\ ), \frac{\partial U}{\partial r}, \frac{\partial U}{\partial z})$$

ersetzt werden. U ist linear, folglich sind $\frac{\partial U}{\partial r}$ bzw. $\frac{\partial U}{\partial z}$ in jedem Dreieck konstant!

Insgesamt erhält man wieder einen Ausdruck

(1.6-19) $$W\Big|_{T_k} = \frac{1}{2} U_e^T S_e(U_e) U_e - U^T b_e$$

Wir unterscheiden hier nicht zwischen Steifigkeits- und Massenmatrix und nennen die zusammengesetzte Matrix S_e. Die Elemente der Matrix S hängen von U ab.

In gewohnter Weise kann man jetzt die Elementmatrizen S_e zur Systemmatrix S und entsprechend den Vektor der rechten Seite b zusammensetzen und erhält als resultierenden Ausdruck

(1.6-20) $$\frac{1}{2} U^T S(U) U - U^T b = \min .$$

Eine notwendige Bedingung hierfür ist wieder, daß der Gradient dieses Ausdrucks verschwindet, also

(1.6-21) $$F(U) := S(U)\cdot U - f(U) = 0 ,$$

wobei f(U) jetzt auch Ableitungen der Elemente S enthält.

4. Lösungsmethoden

für das nichtlineare Gleichungssystem werden in 2.3 behandelt.

5. Ausgabe

Es ist nicht unbedingt sinnvoll, sämtliche berechnete Näherungswerte für A auszugeben (wegen der Datenmenge und der daraus resultierenden Unübersichtlichkeit), zumal man meist nur an abgeleiteten Größen, hier zunächst der Induktion B, interessiert ist. Eine zweckmäßige Ausgabe kann hier etwa ein Feldlinienbild sein.

1.6.5 ZUSAMMENFASSUNG

In diesem Kapitel wurde anhand einfacher Beispiele gezeigt, wie auch <u>manche</u> nichtlineare Probleme ohne großen Mehraufwand bei der Diskretisierung mit analogen Methoden wie im linearen Fall behandelt werden können. Die gewünschten Eigenschaften der Gleichungssysteme, die man durch die Funktionalmatrix ausdrückt, sind hier jedoch i.a. von der Lösung abhängig und ergeben sich deshalb nicht automatisch. Eine Überprüfung läuft meist darauf hinaus, zu überlegen, ob die Bedingungen zumindest für physikalisch sinnvolle Lösungen erfüllt sind.

<u>ÜBUNGEN ZU 1.6</u>

<u>Ü1.6.1</u>

Auf einem Gebiet G ist die Differentialgleichung

$$-u^3 u_{xx} - u u_{yy} = 1$$

mit geeigneten Randbedingungen vorgegeben. Sie wird mit Hilfe eines quadratischen Gitternetzes mit der Maschenweite h durch Differenzenverfahren gelöst. Folgende Werte sind berechnet worden:

103	104	105	107
102	U_1	U_2	106
101	U_3	U_4	105
100	101	102	104

Welches Gleichungssystem verbleibt für die Größen U_1 bis U_4?
Berechnen Sie die Funktionalmatrix dieses Gleichungssystems.
Ist sie symmetrisch?

Ü1.6.2

Das Problem

$$\iint_G \{(1+u^2)(u_x^2+u_y^2)-u\} \overset{!}{=} \text{Min}$$

mit $u|_\Gamma = 1$

soll mit dem "Finite-Volumen"-Verfahren von Abschnitt 1.6.2 gelöst werden. Dazu wird G in 9 Einzelquadrate V_i der Kantenlänge h unterteilt:

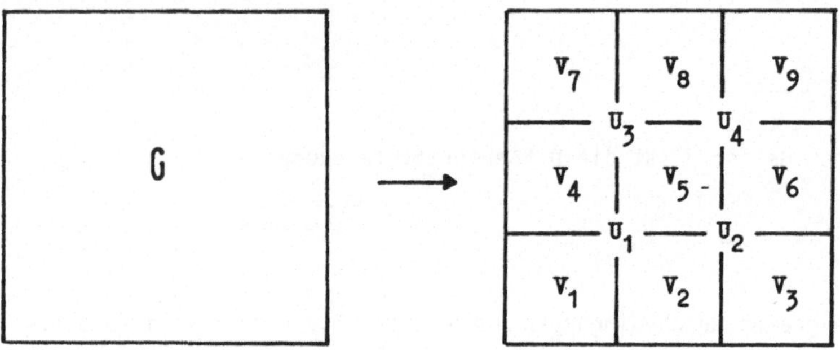

Das Integral soll in jedem Einzelquadrat durch die Schwerpunktregel ersetzt werden.

a) Vervollständigen Sie die nachfolgende Rechnung.

$$\iint_G F(u_x,u_y,u)dxdy = \sum_{i=1}^{9} \iint_{V_i} F(u_x,u_y,u)dxdy \approx \sum_{i=1}^{9} S_i$$

$$S_1 = h^2 \{(1+(\frac{3+U_1}{4})^2)[(\frac{U_1-1}{2h})^2+(\frac{U_1-1}{2h})^2] - \frac{3+U_1}{4}\}$$

$$S_2 = h^2 \{(1+(\frac{2+U_1+U_2}{4})^2)[(\frac{U_2-U_1}{2h})^2+(\frac{U_2-1+U_1-1}{2h})^2] - \frac{2+U_1+U_2}{4}\}$$

$$S_3 = h^2 \{(1+(\frac{3+U_2}{4})^2)[(\frac{1-U_2}{2h})^2+(\frac{U_2-1}{2h})^2] - \frac{3+U_2}{4}\}$$

$S_4 = ?$

$S_5 = ?$

$S_6 = ?$

$S_7 = ?$

$$S_8 = h^2\{(1+(\frac{2+U_3+U_4}{4})^2)[(\frac{U_4-U_3}{2h})^2+(\frac{1-U_3+1-U_4}{2h})^2]-\frac{2+U_3+U_4}{4}\}$$

$$S_9 = h^2\{(1+(\frac{3+U_4}{4})^2)[(\frac{1-U_4}{2h})^2+(\frac{1-U_4}{2h})^2]-\frac{3+U_4}{4}\}$$

b) Wie lautet die erste Bestimmungsgleichung für U_1?

2. LÖSUNG DER DISKRETISIERTEN RANDWERTPROBLEME Ax = B

2.1 DER LINEARE FALL. KLASSISCHE VERFAHREN UND IHRE MODERNEN VARIANTEN

Bei der Auswahl eines Lösungsverfahrens für die linearen Gleichungssysteme, die man bei Differenzen- und Finite-Element-Verfahren (FE-Verfahren) erhält, muß man den folgenden Eigenschaften der Systemmatrizen A Rechnung tragen:

- sie sind sehr <u>groß</u>: $10^2 \dots 10^6$ Unbekannte,
- sie sind <u>schwach besetzt</u> (sparse): typisch bei zweidimensionalen Problemen ist ein Prozentsatz von etwa 700/n % Nicht-Null-Elementen, wobei n die Zahl der Unbekannten ist. Es ist also:

n =	10^3	10^4	10^5
Null-Elemente	99.3 %	99.93 %	99.993 %

- sie haben <u>Bandstruktur</u>, es gilt also $a_{ij} = 0$, falls $|i-j| > m$. Typisch für eindimensionale Probleme ist m = 1 oder 2, für zweidimensionale $m = \sqrt{n}$ und für dreidimensionale $m = n^{2/3}$,
- sie sind (meist) <u>symmetrisch</u> und <u>positiv definit</u>,
- sind sind <u>schlecht konditioniert</u>, wobei die Kondition mit wachsender Zeilenzahl, also feiner werdender Diskretisierung, schlechter wird. Bei zweidimensionalen Problemen ist die Kondition ungefähr proportional zur Zahl der Unbekannten.

2.1.1 ELIMINATIONSVERFAHREN

Obwohl durchaus nicht immer gerechtfertigt, werden in fast allen großen FE-Paketen die Gleichungssysteme durch Varianten der Gauß- oder Cholesky-Faktorisierung, also durch <u>Elimination</u> gelöst. Für solche direkten Verfahren spricht die ziemlich genaue Kenntnis der erforderlichen Rechenzeit. Sie ist im wesentlichen proportional zur Anzahl der durchzuführenden Operationen der Form d := a*b+c oder d := a/b+c. Die Cholesky-Faktorisierung für Matrizen der Bandbreite m (die bei der Zerlegung erhalten bleibt) erfordert etwa

$$\frac{n}{2} m^2 \text{ Operationen.}$$

Andererseits kann diese Rechenzeit immens groß werden. Man betrachte als Beispiel die einfachste Differenzendiskretisierung von $-\Delta u = f$ im Quadrat (zweidimensional) oder Würfel (dreidimensional) mit jeweils k Teilungspunkten pro Dimension. Im ebenen Fall gilt $n = k^2$ und $m = k$, folglich müssen etwa $k^4/2$ Operationen durchgeführt werden. Im dreidimensionalen Fall ist $n = k^3$ und $m = k^2$, also die Zahl der Operationen etwa $k^7/2$. Bei einer mittleren Rechenzeit von einer Mikrosekunde pro Operation bedeutet das folgende untere Schranken für die CPU-Zeit:

k	zweidim.	dreidim.
20	0.08 sec	10.6 min
50	3 sec	4.5 Tage
100	50 sec	1.6 Jahre
200	13 min	208 Jahre
500	8.6 h	--
1000	5.7 Tage	--

■

Auch der Bedarf an Speicherplatz bei der Faktorisierung ist oft ein großes Problem. Zwar kann die Matrix A während der Faktorisierung mit der entsprechenden oberen Dreiecksmatrix R "überschrieben" werden. Außerdem bleibt die "skyline" von A erhalten: Gilt in einer Spalte $a_{ij} = 0$ für alle $i < s(j) \leqq j$, dann auch $r_{ij} = 0$ für alle $i < s(j)$. Dabei ist R die obere Dreiecksmatrix als Ergebnis der Cholesky-Faktorisierung: $A = R^T R$:

$$A = \begin{pmatrix} * & * & 0 & * & & & & \\ & * & * & * & 0 & & & \\ 0 & * & * & * & * & & & \\ * & * & * & * & * & & * & \\ & & * & * & * & * & * & \\ & 0 & & & * & * & * & \\ & & & * & * & * & * & \end{pmatrix} \rightarrow R = \begin{pmatrix} * & * & 0 & * & & & \\ & * & * & * & 0 & & \\ & & * & * & * & & \\ & & & * & * & & * \\ & 0 & & & * & * & * \\ & & & & & * & * \\ & & & & & & * \end{pmatrix}$$

-----: "skyline"

j	1	2	3	4	5	6	7
s(j)	1	1	2	1	3	5	4

, Bandbreite m = 3

Folglich muß für die Elemente außerhalb der "skyline" weder vor, während noch nach der Faktorisierung Speicherplatz reserviert werden. Andererseits aber stehen in A auch innerhalb der "skyline" fast nur Nullen. An <u>diesen</u> Stellen muß nach der Faktorisierung mit Nicht-Null-Elementen gerechnet werden ("fill-in"), wenn man vom Spezialfall spezieller Blockstrukturen absieht (s. [17], Kap. 4). Der Speicherplatzbedarf wird so groß, daß man bei dreidimensionalen und bei großen zweidimensionalen Problemen ohne externe Speicher nicht auskommt.

Man betrachte als <u>Beispiel</u> wieder wie oben die einfachste Differenzendiskretisierung für $-\Delta u = f$. Im ebenen Fall benötigt man zur Speicherung von R k^3 und im räumlichen Fall k^5 Gleitpunktzahlen. Bei einfacher Genauigkeit auf einer Maschine, also 4 Byte pro Zahl, bedeutet das folgende untere Schranken für den Speicherplatz:

k	zweidim.		dreidim.	
20	31	KByte	12.2	MByte
50	488	"	1192	"
100	3.8	MByte	38146	"
200	30.5	"	--	
500	476	"	--	
1000	3814	"	--	

■

Ein drittes Problem ist der <u>Einfluß von Rundungsfehlern</u>. Hier liegt folgende Situation vor:

- der Cholesky-Algorithmus ist <u>stabil</u> (= gutartig). Das bedeutet, falls er durchführbar ist, liefert er die exakte Faktorisierung einer nur wenig verfälschten Systemmatrix:

$$A \xrightarrow{\text{Cholesky}} \tilde{R}\ , \quad \tilde{R}^T\tilde{R} = A+\Delta A\ , \quad ||\Delta A|| \ll ||A||\ .$$

  Bzgl. der Definition von Vektor- und Matrixnormen und ihrer Eigenschaften vgl. man etwa [22], Kap. 1.

  Auch die anschließende Lösung der beiden gestaffelten Systeme

$$\tilde{R}^T y = b$$
$$\tilde{R}x \;= y$$

ist in einem ähnlichen Sinn gutartig. Beide Algorithmen als Einheit liefern, falls durchführbar, die exakte Lösung eines Systems mit wenig verfälschter Systemmatrix und rechter Seite:

$$(A,b) \xrightarrow{\text{Chol.+Lsg. d. gest. Systeme}} \tilde{x}\ , \quad (A+\Delta A)\tilde{x} = b+\Delta b\ ,$$

$$||\Delta A|| \ll ||A||\ , \quad ||\Delta b|| \ll ||b||$$

aber

wie bereits erwähnt, sind die Steifigkeitsmatrizen in aller Regel schlecht konditioniert, so daß die leichte Störung in den Eingangsdaten A und b eine große Verfälschung der Lösung x hervorrufen kann. Noch schlimmer ist, daß im Verlauf der Rechnung die Definitheit von A numerisch verlorengehen kann, denn schon sehr geringe Störungen einer definiten Matrix können diese indefinit machen. Dann ist aber der Cholesky-Algorithmus nicht durchführbar.

Ein Beispiel mag diesen Sachverhalt verdeutlichen. Die Matrix

$$A = \begin{pmatrix} 0.9997 & 0.5000 & 0.3333 & 0.2500 \\ 0.5000 & 0.3333 & 0.2500 & 0.2000 \\ 0.3333 & 0.2500 & 0.2000 & 0.1667 \\ 0.2500 & 0.2000 & 0.1667 & 0.1427 \end{pmatrix}$$

ist symmetrisch positiv definit und hat die Kondition

$$\text{cond}(A) = \frac{\lambda_{max}(A)}{\lambda_{min}(A)} = 6.78 \cdot 10^4$$

Die Cholesky-Zerlegung bei vierstelliger dezimaler Gleitpunktarithmetik ist nicht durchführbar:

$$A \rightarrow \begin{pmatrix} 0.9998 & 0.5001 & 0.3334 & 0.2501 \\ & 0.2884 & 0.2888 & 0.2597 \\ & & 0.07348 & 0.1130 \\ & & & ↯ \end{pmatrix}$$

Zum Vergleich: die exakt berechnete und dann auf vier Stellen gerundete Matrix R lautet:

$$R = \begin{pmatrix} 0.9998 & 0.5001 & 0.3334 & 0.2500 \\ & 0.2885 & 0.2887 & 0.2598 \\ & & 0.07418 & 0.1122 \\ & & & 0.009024 \end{pmatrix} . \qquad \blacksquare$$

Ein einfaches Kriterium, daß die Definitheit nicht verlorengehen kann, lautet (s. [26]):

$$\lambda_{min}(A) > \frac{(n+1)}{2} 2^{-t} ,$$

falls sämtliche $|a_{ij}| \leqq 1$, bei Rechnung mit t Binärstellen. Dabei bedeutet $\lambda_{min}(A)$ der (reelle) kleinste Eigenwert von A.

Hüllenorientierte Rechentechnik

Wir wollen kurz erläutern, wie man sich die oben erwähnte Erhaltung der "skyline" bei der Faktorisierung zunutze macht, um im Rahmen des Möglichen den Speicherplatz zu minimieren. Dazu speichert man nur diejenigen Elemente von A in einem eindimensionalen Feld AH ab, die vor, während oder nach der Faktorisierung wesentliche Information tragen. Das sind die Elemente zwischen der Hauptdiagonalen und der oberen "skyline". Die Zuordnung zwischen den Elementen a_{ij} von A und den Komponenten AH(L) von AH würde demnach in dem Beispiel von oben wie folgt aussehen:

$$A = \begin{pmatrix} AH(1) & AH(3) & 0 & AH(9) & & \mathbf{0} & \\ & AH(2) & AH(5) & AH(8) & & & \\ & & AH(4) & AH(7) & AH(12) & & \\ & & & AH(6) & AH(11) & & AH(18) \\ & & & & AH(10) & AH(14) & AH(17) \\ & \text{symm.} & & & & AH(13) & AH(16) \\ & & & & & & AH(15) \end{pmatrix}$$

Um nun zu einem Matrixelement a_{ij} zugreifen zu können, muß man wissen, wo in AH die Elemente der j-ten Spalte von A stehen. Dazu genügt es, in einem Indexvektor K(J) die Indizes der Diagonalelemente a_{jj} in AH festzuhalten. Außerdem ist es zweckmäßig, in der letzten Komponente von K die obere Feldgrenze von AH (um 1 vergrößert) festzuhalten. In obigem Beispiel ergibt sich:

$$K = (1,2,4,6,10,13,15,19).$$

Damit gilt dann folgende Zuordnungsvorschrift:

$$a_{ij} = \begin{cases} AH(K(J)+J-I) & \text{falls } K(J)+J-I < K(J+1) \\ & \text{und } \quad I \leqq J \\ AH(K(I)+I-J) & \text{falls } K(I)+I-J < K(I+1) \\ & \text{und } \quad I > J \\ 0 & \text{sonst} \end{cases}$$

Die kompliziert aussehende Indexrechnung vereinfacht sich beim Cholesky-Algorithmus durch geschickte Programmierung wesentlich.

Ein Nachteil dieser "hüllenorientierten Speichertechnik" ist allerdings, daß bereits vor der Assemblierung der Steifigkeitsmatrix die Besetzungsstruktur (und damit die Struktur der Triangulierung) vollständig festgelegt und bekannt sein muß.

Konditionsverbesserung durch Skalierung

Häufig sind die Elemente der Steifigkeitsmatrix von unterschiedlicher Größenordnung. Gründe dafür können sein:

- stark vom Ort abhängige Materialgrößen wie Elastizitätskoeffizienten, Biegesteifigkeit, Wärme- und elektrische Leitfähigkeit, magnetische Permeabilität,
- ungünstig gewählte physikalische Dimensionen,
- entartete Triangulierungen, d.h. sehr spitze oder stumpfe Winkel oder gleichzeitig große und kleine Elemente (z.B. bei "mesh refinement" in der Nähe von Singularitäten).

In solchen Fällen wird die Kondition der Steifigkeitsmatrix nochmals wesentlich verschlechtert, wie das folgende sehr einfache Beispiel zeigt.

BEISPIEL:

Die Auslenkungen u_i in dem Federsystem

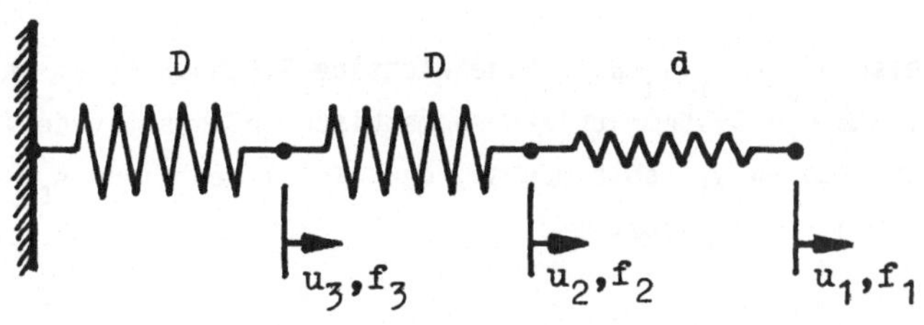

Abb. 2.1-1

mit den Federkonstanten D, d ergeben sich aus den Gleichungen

$$Au = \begin{pmatrix} d & -d & \\ -d & D+d & -D \\ & -D & 2D \end{pmatrix} \begin{pmatrix} u_1 \\ u_2 \\ u_3 \end{pmatrix} = \begin{pmatrix} f_1 \\ f_2 \\ f_3 \end{pmatrix} = f \; .$$

Mit D = 10000 hat A für verschiedene Werte von d die Kondition

d	cond (A)
10000	7.85
1000	33.1
100	267
10	2620
1	26100

■

Zur Konditionsverbesserung führt man deswegen vor der Lösung eine Skalierung der Gleichungen und der Unbekannten durch. Dazu werden Zeilen und Spalten von A mit jeweils demselben Index i mit einem Skalierungsfaktor s_i multipliziert. Das läßt sich im Matrizenkalkül schreiben als

$$A \rightarrow A^s = SAS \; , \; S = \begin{pmatrix} s_1 & & & O \\ & s_2 & & \\ & & \ddots & \\ O & & & s_n \end{pmatrix} , \; s_i > 0 \; ,$$

oder elementweise $a_{ij}^s = s_i \cdot s_j \cdot a_{ij}$. Eine wichtige Eigenschaft solcher Skalierungen ist, daß die Systemmatrizen symmetrisch und positiv definit bleiben. Die Skalierungsfaktoren s_i wählt man so, daß die Elemente von A_s von gleicher Größenordnung sind. Meist setzt man

$$s_i = a_{ii}^{-1/2} \; .$$

Für die Elemente von A^s gilt dann $a_{ii}^s = 1$, $|a_{ij}^s| \leq 1$.
Statt $Ax = b$ wird anschließend $A^s x^s = b^s = Sb$ gelöst; es gilt $x_i = s_i \cdot x_i^s$, $i = 1,\ldots,n$.

Die Wirksamkeit dieser Skalierung soll an obigem Beispiel demonstriert werden:

d	cond (A^s)
10000	13.93
1000	6.65
100	5.91
10	5.84
1	5.83

■

Abschließend sei zu den Eliminationsverfahren angemerkt, daß in vielen Programmpaketen spezielle Varianten der Cholesky-Zerlegung verwendet werden, die den Speicherplatzbedarf möglichst klein halten. Dazu zählen Verfahren wie

- Frontlösung
- Blockelimination
- fortgesetzte Zerschneidung ("nested dissection").

Näheres findet man in [17], Kapitel 4. Außerdem schaltet man meist Algorithmen zur Bandweitenreduzierung (d.h. zur geeigneten Knotennumerierung) vor, von denen in Abschnitt 1.5 bereits die Rede war.

2.1.2 RELAXATIONSVERFAHREN

Die Mehrzahl der praktisch verwendeten iterativen Lösungsverfahren für lineare Gleichungssysteme läßt sich unter der Bezeichnung Relaxationsverfahren zusammenfassen. Darunter werden alle jene Verfahren verstanden, denen das folgende Prinzip zugrundeliegt:

- die n Gleichungen des Systems Ax = b werden in einer vorgegebenen Reihenfolge immer wieder durchlaufen und jeweils nach der "dominierenden" Unbekannten aufgelöst. Aus der alten Näherung für die entsprechende Komponente der Lösung und der so erhaltenen "Zwischennäherung" wird dann mittels eines Relaxationsparameters ω auf die nächste, weiter verwendete Näherung extrapoliert.

Unter den Relaxationsverfahren spielt das SOR-Verfahren die zentrale Rolle. Die Steifigkeitsmatrizen bei FE-Methoden sind fast immer (und die Systemmatrizen bei Differenzenverfahren häufig) symmetrisch und positiv definit. Dann konvergiert das SOR-Verfahren für beliebige Relaxationsparameter größer als 0 und kleiner als 2. Man vgl. etwa [22], Kap. 6, wo das SOR-Verfahren ausführlich beschrieben wird.
Für Relaxationsverfahren spricht in erster Linie der minimale Bedarf an Speicherplatz. Es muß lediglich Platz für die Nicht-Null-Elemente der Steifigkeitsmatrix, für die rechte Seite und für die Lösung selbst vorgesehen werden. Bei Differenzenverfahren und bei FE-Verfahren mit regulärer Triangulierung wird häufig überhaupt kein Platz für die Systemmatrix benötigt, denn deren Elemente können als Zahlenwerte direkt in die Iterationsvorschrift aufgenommen werden.

Für das Beispiel aus Abschnitt 2.1.1 (Differenzendiskretisierung von $-\Delta u = f$ im Quadrat oder Würfel) benötigt man Speicherplatz wie folgt:

k	zweidim.	dreidim.
20	3.8 KByte	83.2 KByte
50	21.2 "	1.1 MByte
100	81.3 "	8.3 "
200	319 "	64.4 "
500	2.0 MByte	989 "
1000	7.9 "	7860 "

Der Kern einer (nicht optimierten) FORTRAN 77-Routine zur Lösung des Beispiels in zwei Dimensionen mit dem SOR-Verfahren lautet:

```
      .....
     OMGGA 1 = 1.-OMEGA
  10 FEHLER = 0.
      DO 20 I = 1,K
      DO 20 J = 1,K
         UA = U(I,J)
         UN = 0.25*(U(I-1,J)+U(I+1,J)+U(I,J-1)+U(I,J+1))+F(I,J)
         U(I,J) = OMEGA1*UA+OMEGA*UN
         FEHLER = AMAX1(FEHLER,ABS(U(I,J)-UA))
  20 CONTINUE
      IF (FEHLER.GT.EPS) GOTO 10
      .....
```

■

Hier erkennt man den zweiten Vorteil der Relaxationsverfahren: Sie sind sehr einfach zu programmieren und kommen ohne Hilfsgrößen aus, deren Bedeutung im Problem nicht unmittelbar erkennbar ist. Außerdem sind sie nahezu universell einsetzbar, im Gegensatz zu anderen, schnelleren Iterationsverfahren, die noch vorgestellt werden. Sie sind ohne weitere Voraussetzungen immer dann sinnvoll, wenn die Systemmatrix definit ist.

Das größte Problem bei Relaxationsverfahren ist die Bestimmung des optimalen, oder wenigstens eines "guten" Relaxationsparameters ω.

Die folgende Tabelle zeigt, wie sehr die erforderliche Rechenzeit von dieser Wahl abhängt, aber auch, wie Relaxationsverfahren gegenüber Eliminationsverfahren hinsichtlich der Rechenzeit einzustufen sind. Die Tabelle gibt an, wieviel Zeit das SOR-Verfahren bei obigem Testbeispiel für jede richtige Stelle im Resultat etwa braucht. Dabei werden im zweidimensionalen Fall 5 µsec und im dreidimensionalen 7 µsec Rechenzeit pro Gitterpunkt und Relaxationsschritt angenommen:

	zweidimensional		dreidimensional	
k	$\omega = 1$	ω optimal	$\omega = 1$	ω optimal
20	0.2 sec	0.02 sec	5.7 sec	0.4 sec
50	7.6 sec	0.2 sec	8.8 min	16 sec
100	2 min	1.9 sec	4.6 h	4.3 min
200	31 min	15 sec	6.1 Tage	1.1 h
500	20 h	3.8 min	1.6 Jahre	1.8 Tage
1000	14 Tage	31 min	52 Jahre	30 Tage

Oft, wie auch in obigem Beispiel, hat die Systemmatrix eine spezielle Besetzungsstruktur, die zumindest theoretisch die Berechnung des optimalen ω zuläßt (solche Matrizen nennt man konsistent geordnet, vgl. [28]). Die Formel für das optimale ω lautet dann bei symmetrisch positiv definitem A

(2.1-1) $$\omega_{opt} = \frac{2}{1+\sqrt{1-\mu^2}}$$

mit μ := Spektralradius von $(I-D^{-1}A)$, D Diagonale von A. Als Spektralradius läßt sich μ nicht mit vertretbarem Aufwand berechnen.

Es gilt jedoch

(2.1-2) $$\mu^2 = \frac{1}{\rho(\omega_\alpha)}\left(1+\frac{\rho(\omega_\alpha)-1}{\omega_\alpha}\right)^2 \text{, wobei}$$

(2.1-3) $$\rho(\omega_\alpha) = \lim_{k\to\infty} \frac{||x^{(k+1)}-x^{(k)}||}{||x^{(k)}-x^{(k-1)}||} .$$

Dabei ist $x^{(k)}$ der k-te Näherungsvektor für x, berechnet durch das SOR-Verfahren mit Relaxationsparameter ω_α, der nicht größer als ω_{opt} sein darf. Aus den Formeln (2.1-1) bis (2.1-3) leitet man nun folgendes Berechnungsschema für ein akzeptables ω ab:

a) Man startet das SOR-Verfahren mit einem Relaxationsparameter ω_α, der (vermutlich) kleiner als ω_{opt} ist.

b) Man berechnet die Größen

$$q_k := ||x^{(k+1)}-x^{(k)}|| / ||x^{(k)}-x^{(k-1)}|| ,$$

was praktisch keinen zusätzlichen Rechen- oder Speicherplatzaufwand bedeutet. Die Variable FEHLER in obigem Programmrumpf enthält $||x^{(k+1)}-x^{(k)}||_\infty$.

c) Wenn die Größen q_k "oszillieren", also nicht konvergieren, hat man ω_α zu groß gewählt. Man verkleinert ω_α und fährt bei b) fort.
Andernfalls, d.h. wenn sich die Quotienten q_k nicht mehr wesentlich ändern, berechnet man mit diesem Wert aus der Formel (2.2-2) eine Näherung für μ^2 und damit aus der Formel (2.1-1) eine Näherung für das optimale ω.

d) Man setzt das SOR-Verfahren mit diesem ω fort.

Das ganze Schema kann notfalls mehrmals durchlaufen werden. In der Praxis hat sich gezeigt, daß man mit diesem Algorithmus auch dann einen "guten" Relaxationsparameter erhält, wenn A nicht konsistent geordnet ist.

Der Einfluß von Rundungsfehlern ist bei Relaxationsverfahren wie bei allen iterativen Verfahren weit weniger schädlich als bei direkten Methoden. Iterationsverfahren "vergessen" Rundungsfehler. Allerdings liefern sie auch nach sehr langer Laufzeit selten die exakte Lösung, sondern geraten in einen Zyklus von Näherungsvektoren, die nahe bei der Lösung liegen. Der Abstand von der Lösung, die Grenzgenauigkeit, ist dabei proportional zur Genauigkeit der Rechnung und umgekehrt proportional zur Konvergenzgeschwindigkeit. Die Konvergenzgeschwindigkeit selbst fällt mit wachsender Kondition der Systemmatrix. Folglich sollte man auch bei Verwendung von iterativen Verfahren die Systemmatrizen skalieren oder durch andere Maßnahmen ihre Kondition verbessern. Dadurch verringert sich die Rechenzeit und wächst die erreichbare Genauigkeit.

Varianten des SOR-Verfahrens

Beim SOR-Verfahren werden die Gleichungen in der Reihenfolge der Knotennumerierung zyklisch relaxiert. Selbstverständlich sind auch andere Reihenfolgen denkbar. Wegen des großen Aufwandes nur noch von historischem Interesse ist die sogenannte Handrelaxation, in der man jeweils die Gleichung relaxiert, die am schlechtesten "erfüllt" ist. Bedeutend wichtiger ist das symmetrische SOR-Verfahren (SSOR), in dem die Gleichungen jeweils einmal in und einmal entgegen der Reihenfolge der Knotennumerierung durchlaufen werden ("forward-backward sweep"). Das SSOR-Verfahren ist zwar in den meisten Fällen langsamer konvergent als das SOR-Verfahren, eignet sich aber wegen "besser vorhersehbarem" Konvergenzverhalten (mathematisch ausgedrückt: die Eigenwerte der Iterationsmatrix sind alle reell und nichtnegativ) hervorragend zur Kombination mit extrem konvergenzbeschleunigenden Maßnahmen. Eine davon wird in Abschnitt 2.1.4 vorgestellt. Zur Durchführung auf Vektorrechnern besonders geeignet ist das Schachbrett-SOR-Verfahren für Systeme aus Differenzen-Diskretisierungen. Hier wird jeweils erst in allen "schwarzen" und dann in allen "weißen" Gitterpunkten relaxiert:

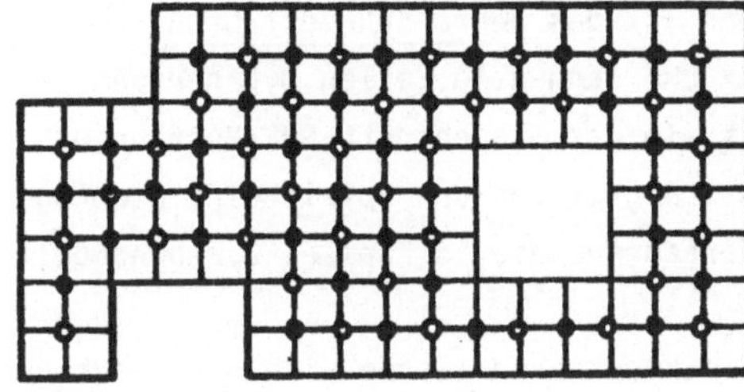

● "schwarze" Gitterpunkte
o "weiße" Gitterpunkte

Abb. 2.1.2

Bei allen diesen Verfahren werden immer einzelne Gleichungen relaxiert. Statt dessen kann man auch jeweils mehrere Gleichungen zu einem Block zusammenfassen und diese simultan relaxieren, was pro Durchgang die (exakte) Lösung mehrerer kleiner Gleichungssysteme mit wesentlich geringerer Bandbreite bedeutet. Ein Spezialfall dieses Block-SOR-Verfahrens (BSOR) ist das Zeilen-SOR-Verfahren (line SOR) bei "genügend" regulären Triangulierungen bzw. Gittern. Hier werden jeweils die Knoten einer "Zeile" zusammengefaßt:

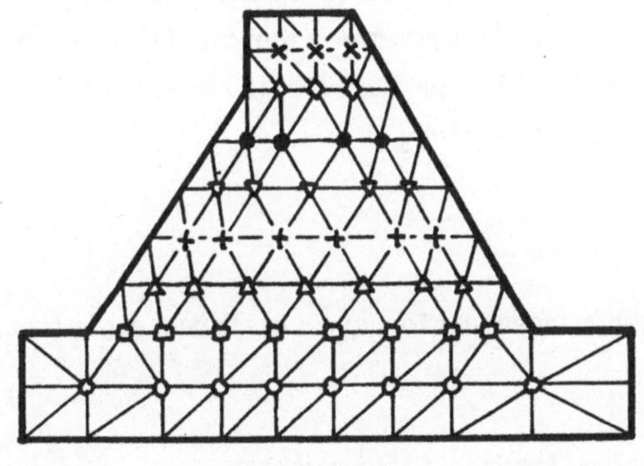

× Zeile 1
◇ Zeile 2
● Zeile 3
▽ Zeile 4
+ Zeile 5
△ Zeile 6
□ Zeile 7
o Zeile 8

Abb. 2.1-3

Die zu lösenden kleinen Gleichungssysteme sind tridiagonal und erfordern nur äußerst geringen Rechenaufwand. Insgesamt ist der Aufwand pro Schritt beim Zeilen-SOR-Verfahren ungefähr so groß wie der beim herkömmlichen SOR-Verfahren (vgl. [28]), aber die Konvergenzgeschwindigkeit ist meist größer (für das bereits mehrfach betrachtete Modellproblem in zwei Dimensionen z.B. um den Faktor $\sqrt{2}$).

Eine Variante des Zeilen-SOR-Verfahrens ist das Zebra-SOR-Verfahren, bei dem zuerst alle Zeilen mit ungeradem Index und dann alle Zeilen mit geradem Index relaxiert werden. Dieses Verfahren ist wie das Schachbrett-SOR-Verfahren besonders zur Verwendung auf Vektorrechnern geeignet und spielt eine wichtige Rolle bei den iterativen Mehrgitter-Verfahren, die in Kapitel 2.2 behandelt werden.
Einige der hier vorgestellten Relaxationsverfahren lassen sich beschleunigen, indem man jeweils aus einigen aufeinanderfolgenden Näherungsvektoren (meist 2 oder 3) auf einen neuen, verbesserten extrapoliert. Diese semi-iterativen oder Tschebyschew-beschleunigten Relaxationen werden ausführlich und unter Angabe von FORTRAN-Programmen in [9] diskutiert.

2.1.3 VERFAHREN DER ALTERNIERENDEN RICHTUNGEN (ADI)

Die ADI-Verfahren ("alternating direction implicit iteration") mit der Peaceman-Rachford-Methode als wichtigstem Vertreter sind sehr schnelle iterative Verfahren. Sie lassen sich allerdings nur bei Differenzenapproximationen auf rechteckigen oder aus Rechtecken zusammensetzbaren Gebieten sinnvoll anwenden und kommen deswegen bei komplizierten FE-Systemen nicht in Frage. Die Idee der ADI-Verfahren ist einfach und soll hier für die in Abschnitt 1.2.3 betrachtete Diskretisierung der Poisson-Gleichung

(2.1-4) $$-\Delta u = f$$

skizziert werden. Die zu (2.1-4) gehörenden einfachsten Differenzengleichungen lauten:

(2.1-5) $$-U_{xx}-U_{yy} = f \quad \text{in allen inneren Gitterpunkten}$$
mit
$$(U_{xx})_{k\ell} := \frac{U_{k-1,\ell}-2U_{k\ell}+U_{k+1,\ell}}{h^2}$$

und $(U_{yy})_{k\ell}$ entsprechend. Beim einfachen ADI-Verfahren werden nun abwechselnd die Ableitungen in x- und y-Richtung "eingefroren" (daher der Name "alternating direction"). Ist $U^{(k)}$ eine Näherung an die gesuchte Gitterfunktion U, dann ergeben sich die nächsten Näherungen durch Auflösen von

(2.1-6) $$-U_{xx}^{(k+1)}-U_{yy}^{(k)} = f$$

nach $U^{(k+1)}$ und von

(2.1-7) $$-U_{xx}^{(k+1)}-U_{yy}^{(k+2)} = f$$

nach $U^{(k+2)}$. Dieses Auflösen ist einfach, denn ähnlich wie bei dem Zeilen-SOR-Verfahren sind die zugehörigen Systemmatrizen tridiagonal. Die Konvergenz läßt sich extrem beschleunigen, wenn man in (2.1-6) den Term $r_k \cdot (U^{(k+1)}-U^{(k)})$ und in (2.1-7) den Term $r_{k+1} \cdot (U^{(k+1)}-U^{(k+2)})$ addiert, und wenn man dabei die Beschleunigungsfaktoren r_k in geeigneter Weise zyklisch variiert. Das ist die Peaceman-Rachford-Methode. Näheres zur optimalen Wahl der r_k, aber auch zur Anwendbarkeit sowie Konvergenzaussagen und Vergleiche mit Relaxationsverfahren findet man in [20], [24], [25], [28].

Um einen Eindruck von der Leistungsfähigkeit der ADI-Verfahren bei sehr großen, aber einfach strukturierten Problemen zu geben, seien hier die ungefähren Rechenzeiten pro richtiger Stelle im Resultat für das Testbeispiel angeführt:

k	zweidim.
20	0.008 sec
50	0.061 sec
100	0.29 sec
200	1.3 sec
500	9.7 sec
1000	43.2 sec

ADI-Verfahren sind ursprünglich als Differenzenverfahren für zeitabhängige, sogenannte parabolische Probleme (wie etwa die Wärmeleitungsgleichung) entwickelt worden, für die sie immer noch von großer Bedeutung sind. Bei diskretisierten elliptischen Randwertproblemen werden sie vor allem wegen starker Einschränkungen in der Verwendbarkeit mehr und mehr von anderen schnellen und gleichzeitig flexiblen Verfahren verdrängt. Hierzu zählen

- semi-iterative Relaxationen,
- vorkonditionierte konjugierte Gradientenverfahren und
- Mehrgitterverfahren.

Die beiden letzten werden noch ausführlich diskutiert.

2.1.4 VERFAHREN DER KONJUGIERTEN GRADIENTEN

Das Verfahren der konjugierten Gradienten ist eine wesentliche Verbesserung des Gradientenverfahrens, das zum besseren Verständnis hier zunächst beschrieben werden soll.

Bei den Finiten Elementen bestand ja die Aufgabe in der Minimierung der potentiellen Energie der Ansatzfunktion, die sich schreiben läßt als

(2.1-8) $$W(x) = \frac{1}{2} x^T Ax - b^T x$$

mit
x: Vektor der Freiheitsgrade,
A: Steifigkeitsmatrix (symm. und positiv definit),
b: modifizierte Last (in der auch evtl. inhomogene Dirichlet'sche Randbedingungen auftreten).

Ableiten von W(x) nach den Freiheitsgraden und Nullsetzen lieferte dann das zu lösende Gleichungssystem $\text{grad } W(x) = Ax - b = 0$ oder

(2.1-9) $$Ax = b \; .$$

Nun läßt sich umgekehrt jedes Gleichungssystem mit symmetrisch positiv definiter Matrix lösen, indem man die nach (2.1-8) zugeordnete "potentielle Energie" minimiert. Genau das wird beim Gradientenverfahren gemacht.

Zur Veranschaulichung stelle man sich eine Hügellandschaft vor, in der eine Senke gesucht wird. Dabei identifizieren wir W(x) mit der Höhe eines Ortes x, der beschrieben wird durch die zwei Koordinaten (Freiheitsgrade) x_1 und x_2. Eine Senke, also ein Minimum von W(x), kann man folgendermaßen finden:

Von seinem augenblicklichen Ort (bezeichnet mit $x^{(o)}$) laufe man in Richtung des steilsten Geländeabstiegs geradeaus los, und zwar bis zu der Stelle, bezeichnet mit $x^{(1)}$, an der das Gelände erstmals wieder ansteigt. Dort paßt man seine Richtung wieder dem steilsten Geländeabstieg an, und so fort.

Die Hügellandschaft kann man durch Höhenlinien darstellen. Die Richtung des steilsten Abstiegs, der Gradient von W(x), steht dabei immer senkrecht auf der zugehörigen Höhenlinie. Da man an jedem "Zwischenziel" immer parallel zu dessen Höhenlinie ankommt, denn sonst würde das Gelände in der Laufrichtung entweder noch fallen oder schon wieder ansteigen, stehen aufeinanderfolgende "Suchrichtungen" immer senkrecht aufeinander. (s. Abb. 2.1-4)

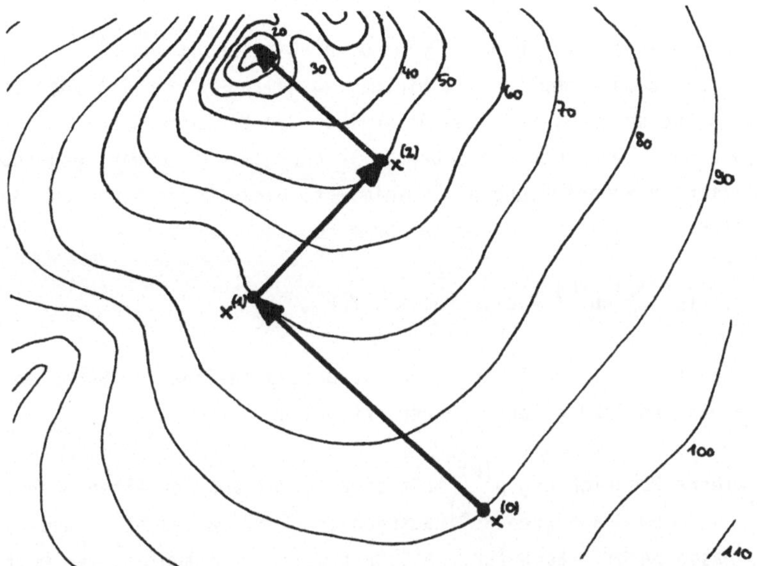

Abb. 2.1-4 Zum Gradientenverfahren

Formal lautet das so beschriebene Gradientenverfahren:

Ausgehend von einer Näherung $x^{(k)}$ an das Minimum x von W, bestimme man eine nächste Näherung $x^{(k+1)}$ durch Minimierung von

$$W(x^{(k)}+s\cdot r^{(k)}) \tag{2.1-10}$$

über alle s. Dabei ist die Suchrichtung $r^{(k)}$ gegeben durch den Gradienten von W im Punkt $x^{(k)}$:

$$r^{(k)} = -\text{grad } W(x^{(k)}) = b-Ax^{(k)} .$$

Durch eine Modifizierung erhält man daraus das <u>Verfahren der konjugierten Gradienten (cg-Verfahren):</u>

Man berechne $x^{(k+1)}$ durch Minimierung von

$$(2.1\text{-}11) \qquad W(x^{(k)}+s_o \cdot r^{(o)}+s_1 \cdot r^{(1)}+ \ldots +s_k \cdot r^{(k)})$$

über alle $s_o, s_1, \ldots, s_k$.

Da man (scheinbar) wesentlich mehr Aufwand zur Berechnung von $x^{(k+1)}$ treibt, kann man hoffen, auch schneller zum Minimum zu gelangen. Nun ist aber der Aufwand gar nicht so groß. Eine genaue Analyse des Verfahrens zeigt, daß man $x^{(k+1)}$ auch erhält, wenn man die potentielle Energie W in einer, gegenüber $r^{(k)}$ modifizierten Suchrichtung $p^{(k)}$ minimiert. Diese neuen Suchrichtungen sind bezüglich A konjugiert (daher der Name des Verfahrens):

$$(2.1\text{-}12) \qquad (p^{(j)})^T A p^{(k)} = 0 \ , \quad \text{falls } j \neq k \ ,$$

eine Eigenschaft, die in gewisser Weise der Orthogonalität der Suchrichtungen $r^{(k)}$ beim einfachen Gradientenverfahren entspricht.

Die modifizierte Suchrichtung $p^{(k)}$ läßt sich leicht aus der alten Suchrichtung $p^{(k-1)}$ und dem Gradienten $r^{(k)}$ ausrechnen (vgl. das nachfolgende Flußdiagramm). Dasselbe gilt auch für die Schrittweite, die angibt, wie weit man längs $p^{(k)}$ laufen muß. Insgesamt erhält man folgende Berechnungsvorschrift:

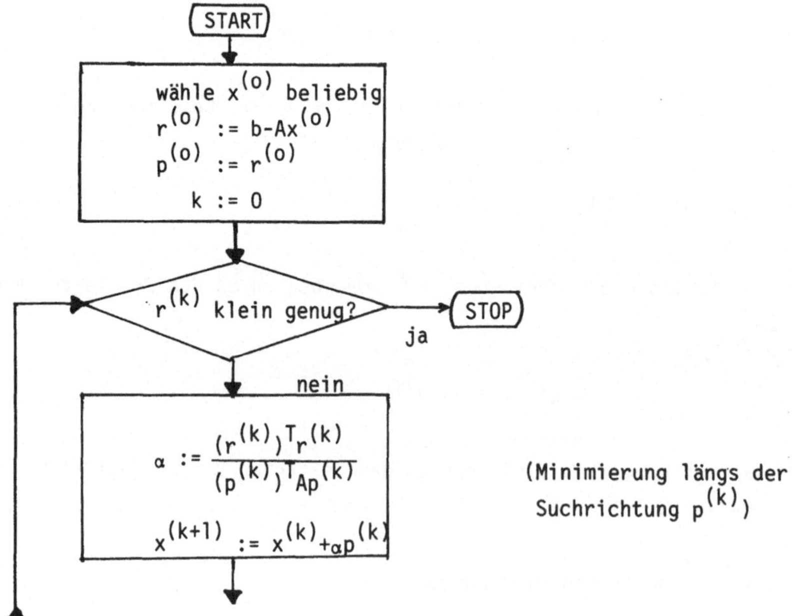

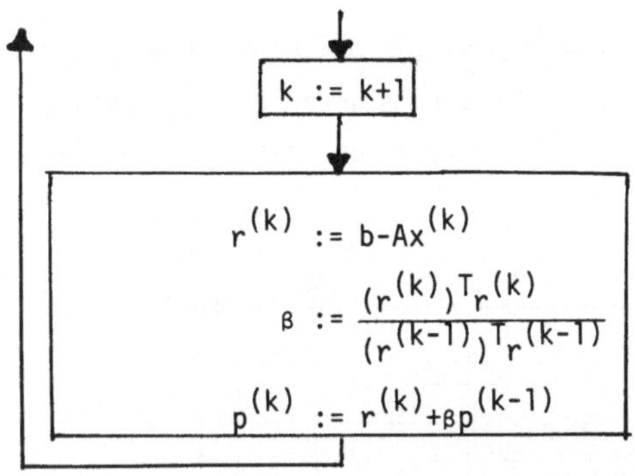

(Berechnung der nächsten Suchrichtung; $r^{(k)}$ läßt sich auch nach $r^{(k)} = r^{(k-1)}-\alpha Ap^{(k-1)}$ berechnen.)

Der Rechenaufwand pro Iterationsschritt ist etwa doppelt so groß wie beim SOR-Verfahren. Ist q die mittlere Zahl der Nichtnullelelemente in einer Zeile von A, so müssen

$$(5+q)\cdot n \text{ Operationen/Iteration}$$

durchgeführt werden. An Speicherplatz benötigt man das 1.5- bis 4-fache, verglichen mit einfachen Relaxationsverfahren (je nach Art der Speicherung von A und b). Bei sinnvoller Programmierung der Berechnungsvorschriften muß man Platz für $x^{(k)}$, $r^{(k)}$, $p^{(k)}$ und $Ap^{(k)}$ vorsehen.

Anhand von (2.1-11) kann man sehen, daß das cg-Verfahren nach spätestens n Schritten das exakte Minimum liefert, falls keine Rundungsfehler auftreten. W wird nämlich im n-ten Schritt in n unabhängigen Freiheitsgraden minimiert (die man sich durch eine Koordinatentransformation aus den ursprünglichen hervorgegangenen denken kann). <u>Theoretisch gehört also das cg-Verfahren zu den direkten Verfahren</u>. In der Praxis wird es jedoch wie ein iteratives Verfahren eingesetzt (siehe Abbruchbedingung im Flußdiagramm!), und zwar mit

1. wesentlich <u>mehr</u> als n Schritten (3n ... 5n), falls n klein und die Genauigkeitsanforderungen hoch sind. Dann spielen die Rundungsfehler eine große Rolle.
2. wesentlich <u>weniger</u> als n Schritten, falls n groß und die Genauigkeitsanforderungen nicht zu hoch sind, etwa in der Größenordnung des unumgänglichen Diskretisierungsfehlers.

Allerdings ist das Konvergenzverhalten des iterativ eingesetzten cg-Verfahrens nur schlecht vorhersehbar. Die Näherungen "treten häufig auf der Stelle", um dann plötzlich einen großen Schritt in Richtung auf das Minimum voranzukommen. Als Beispiel wurde im folgenden die (logarithmierte) größte Komponente des Fehlers ($\log||x^{(i)}-x||_\infty$) über i aufgetragen, und zwar für das Modellproblem mit k = 10 in zwei Dimensionen:

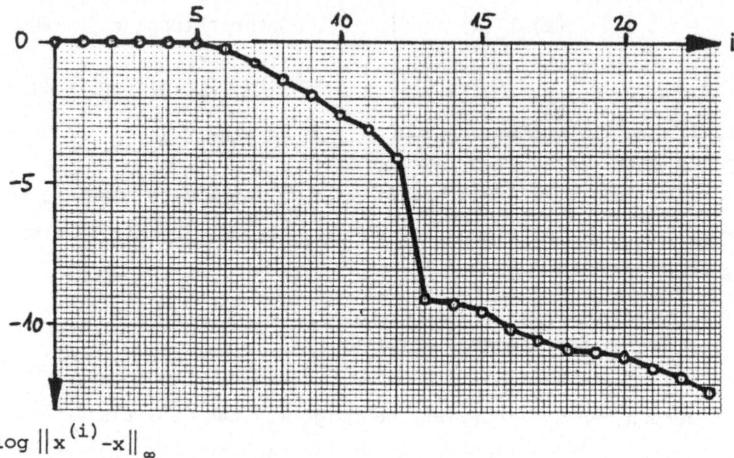

Zum besseren Verständnis sei bemerkt: $-\log||x^{(i)}-x||_\infty$ gibt die Zahl der richtigen Stellen in $x^{(i)}$ bei Festkommadarstellung an. Bei der dreizehnten Iteration hat man also etwa 5 Stellen Genauigkeit gewonnen! ■

Folgende Abschätzung gibt an, wieviele Iterationen man höchstens durchführen muß, um eine gewisse Genauigkeit zu erreichen: es ist

(2.1-13) $$||x^{(i)}-x||_\infty \leq \varepsilon,$$

falls

(2.1-14) $$i \geq \frac{1}{2}\sqrt{\mathrm{cond}(A)}\cdot\{\ln(2\cdot||x^{(o)}-x||_2\cdot\sqrt{\mathrm{cond}(A)})-\ln\varepsilon\}.$$

Diese Abschätzung ist meist viel zu pessimistisch, zeigt jedoch qualitativ, daß die Konvergenzgeschwindigkeit ganz wesentlich von der Kondition von A abhängt.

Konvergenzbeschleunigung durch Vorkonditionierung

Genau wie bei der Cholesky-Faktorisierung und den Relaxationsverfahren ist somit auch beim cg-Verfahren eine möglichst gute Kondition der Systemmatrix wünschenswert. Eine Konditionsverbesserung ("Vorkonditionierung") erreicht man z.B. durch Skalierung wie in Abschnitt 2.1.1. Hier sollen zwei wirkungsvolle, speziell auf das cg-Verfahren zugeschnittene Verfahren vorgestellt werden.

Die Vorkonditionierung überführt das Gleichungssystem $Ax = b$ unter Verwendung der Konditionierungsmatrix C in das gleichwertige System

$$A^C \cdot x^C = (C^T A C) \cdot (C^{-1} x) = C^T b = b^C \ . \qquad (2.1\text{-}15)$$

Dabei zeigt sich beim cg-Verfahren, daß A^C und b^C nicht explizit berechnet werden müssen. Vielmehr kommt das cg-Verfahren mit den untransformierten Größen A, x, b sowie zwei zusätzlichen Matrix-Vektor-Multiplikationen der Form $s = Cr$, $t = C^T s$ (also $t = C^T Cr$) pro Schritt aus. Somit wird man an C folgende Forderungen stellen:

1. $\mathrm{cond}(C^T AC)$ soll möglichst wesentlich kleiner als $\mathrm{cond}(A)$ sein,
2. die Berechnung von C bzw. $C^T \cdot C \cdot r$ soll wenig aufwendig sein,
3. für C soll wenig Speicherplatz benötigt werden.

Die beiden folgenden Techniken erfüllen alle drei Forderungen:

a) <u>Vorkonditionierung durch unvollständige Cholesky-Zerlegung (ICCG = "incomplete Cholesky conjugate gradient method")</u>

   Die Matrix A wird zunächst unvollständig faktorisiert, und zwar so, als ob innerhalb der skyline nichts aufgefüllt würde (also $r_{ij} = 0$, falls $a_{ij} = 0$).

   <u>BEISPIEL:</u>

$$\begin{pmatrix} * & * & * & & * & & & \\ * & * & & * & & * & & \\ * & & * & & & & * & \\ & * & & * & & & * & \\ * & & & & * & & & * \\ & * & & & & * & & * \\ & & * & * & & & * & \\ & & & & * & * & & * \end{pmatrix} \approx \begin{pmatrix} * & & & & & & & \\ * & * & & & & & & \\ * & & * & & & & & \\ & * & & * & & & & \\ * & & & & * & & & \\ & * & & & & * & & \\ & & * & * & & & * & \\ & & & & * & * & & * \end{pmatrix} \cdot \begin{pmatrix} * & * & * & & * & & & \\ & * & & * & & * & & \\ & & * & & & & * & \\ & & & * & & & * & \\ & & & & * & & & * \\ & & & & & * & & * \\ & & & & & & * & \\ & & & & & & & * \end{pmatrix}$$

anstatt

$$\begin{pmatrix} * & * & * & & * & & & \\ * & * & & * & & * & & \\ * & & * & & & & * & \\ & * & & * & & & * & \\ * & & & & * & & & * \\ & * & & & & * & & * \\ & & * & * & & & * & \\ & & & & * & * & & * \end{pmatrix} = \begin{pmatrix} * & & & & & & & \\ * & * & & & & & & \\ * & * & * & & & & & \\ & * & * & * & & & & \\ * & * & * & * & * & & & \\ & * & * & * & * & * & & \\ & & * & * & * & * & * & \\ & & & & * & * & * & * \end{pmatrix} \cdot \begin{pmatrix} * & * & * & & * & & & \\ & * & * & * & * & * & & \\ & & * & * & * & * & * & \\ & & & * & * & * & * & \\ & & & & * & * & * & * \\ & & & & & * & * & * \\ & & & & & & * & * \\ & & & & & & & * \end{pmatrix}$$

Als Ergebnis erhält man eine obere Dreiecksmatrix R mit derselben Besetzungsstruktur wie A, und $A \approx R^TR$. Mit

(2.1-16) $$C := R^{-1}$$

gilt dann

(2.1-17) $$A^C = C^TAC \approx (R^{-1})^T(R^TR)R^{-1} = I \ .$$ ■

Somit kann man auf ein gut konditioniertes C^TAC hoffen. Der (einmalige) Aufwand zur Berechnung von R liegt in der Größenordnung eines cg-Schrittes, derjenige zur Berechnung von $s = C^TCr$ (durch Lösen des gestaffelten Systems $R^TR \cdot s = r$) ist mit $(q+1)n$ Operationen klein gegen den Aufwand eines cg-Schrittes. Als zusätzlichen Speicherplatz muß man für R genausoviel Platz wie für A vorsehen, ferner muß man einen zusätzlichen Vektor mit n Komponenten speichern.

b) Vorkonditionierung durch Relaxation (SSOR-cg)

Mit etwas Aufwand kann man zeigen, daß die Durchführung eines SSOR-Schrittes (oder auch mehrerer) jeweils vor einem cg-Schritt als Vorkonditionierung in obigem Sinne verstanden werden kann. Die Multiplikation $s = C^TC \cdot r$ entspricht dabei einem SSOR-Schritt mit dem Startvektor 0 und erfordert etwa $\frac{3q+1}{2} \cdot n$ Operationen. Als zusätzlichen Speicherplatz hat man Platz für einen n-komponentigen Vektor vorzusehen.

Näheres zu diesen sehr schnellen vorkonditionierten cg-Verfahren findet man in [1]. Sie sind im Gegensatz zu den im folgenden vorgestellten Mehrgitter-

Verfahren in der Anwendbarkeit bei Randwertproblemen kaum eingeschränkt.

ÜBUNGEN ZU 2.1

Ü2.1.1

a) Welche Bandbreite besitzt

$$A = \begin{pmatrix} 1 & 0 & 0 & 1 \\ 0 & 4 & 0 & 2 \\ 0 & 0 & 9 & 3 \\ 1 & 2 & 3 & 25 \end{pmatrix} ?$$

b) Tragen Sie in der noch nicht ausgeführten Cholesky-Zerlegung von A:

$$A = \begin{pmatrix} 1 & 0 & 0 & 1 \\ 0 & 4 & 0 & 2 \\ 0 & 0 & 9 & 3 \\ 1 & 2 & 3 & 25 \end{pmatrix} = \begin{pmatrix} & 0 & 0 & 0 \\ & & 0 & 0 \\ & & & 0 \\ & & & \end{pmatrix} \cdot \begin{pmatrix} & & & \\ 0 & & & \\ 0 & 0 & & \\ 0 & 0 & 0 & \end{pmatrix} = R^T \cdot R$$

alle weiteren Nullen von R^T und R ein, die Sie <u>ohne</u> Rechnung mit Sicherheit vorhersagen können.

c) Vervollständigen Sie die Cholesky-Zerlegung mit möglichst wenig Rechenaufwand.

Ü2.1.2

Zur Erinnerung: bei stückweise linearen Finiten Elementen gilt in der Steifigkeitsmatrix $a_{ij} = 0$, falls Knoten i und Knoten j <u>nicht</u> auf einer Kante liegen. Skizzieren Sie für die folgenden beiden Numerierungen ein- und derselben Triangulierung die Besetzungsstruktur der resultierenden Steifigkeitsmatrix:

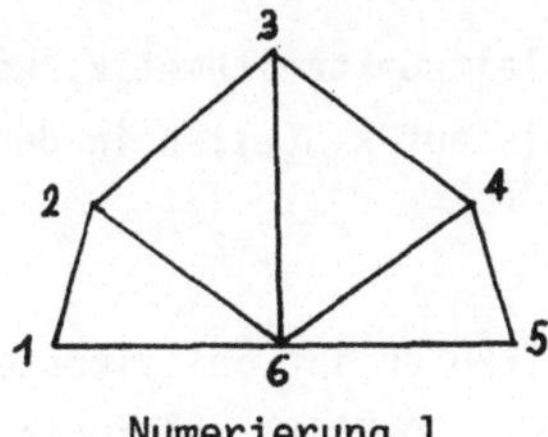

Numerierung 1

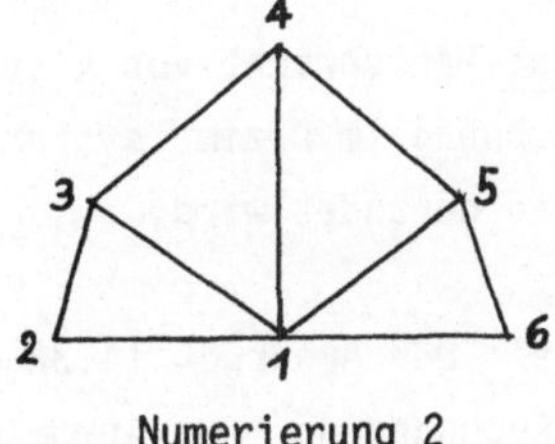

Numerierung 2

Geben Sie Bandbreite und skyline an. Welche Numerierung würden Sie wählen?

Ü2.1.3

Betrachten Sie wieder die Matrix

$$A = \begin{pmatrix} 1 & 0 & 0 & 1 \\ 0 & 4 & 0 & 2 \\ 0 & 0 & 9 & 3 \\ 1 & 2 & 3 & 25 \end{pmatrix}$$

von Aufgabe 2.1.1.

a) Geben Sie die Felder K und AH bei hüllenorientierter Speichertechnik an.

b) Skalieren Sie die Matrix so, wie im Text vorgeschlagen. Wie lauten S und A^S? Wie lautet die rechte Seite $b = (6,12,18,40)^T$ des Gleichungssystems nach der Skalierung?

c) Für die skalierte Matrix A^S gilt $\lambda_{min}(A^S) \geq 2/5$ (für Spezialisten: Warum?). Ab welcher Rechengenauigkeit ist die Cholesky-Faktorisierung numerisch auf jeden Fall durchführbar?

Ü2.1.4

Betrachten Sie das Gleichungssystem

$$\begin{pmatrix} 1.001 & -1.002 \\ -1.000 & 1.001 \end{pmatrix} \cdot x = \begin{pmatrix} -0.5000 \\ 0.5000 \end{pmatrix} .$$

Wie lautet die Rechenvorschrift für das Gauß-Seidel-Verfahren (SOR mit $\omega = 1$)?

Führen Sie einige Schritte des Gauß-Seidel-Verfahrens in vierstelliger dezimaler Gleitpunktarithmetik durch. Starten Sie mit $x^{(o)} = (450.0, 550.0)^T$. Worauf führen Sie das erstaunliche Ergebnis zurück?

Hinweis: Man spricht von k-stelliger dezimaler Gleitpunktarithmetik, wenn bei Rechnung im Dezimalsystem jedes Zwischenergebnis auf k Stellen in der Mantisse gerundet wird.

Beispiel: Der Ausdruck 14.32 0.001234 - 13.98·0.001278 ergibt bei vierstelliger Rechnung das gerundete Zwischenergebnis 0.01767 - 0.01787 und somit den Wert $-0.2000 \cdot 10^{-3}$ anstelle von $-0.19556 \cdot 10^{-3}$.

2.2 MEHRGITTERVERFAHREN IM LINEAREN FALL

Mehrgitterverfahren liefern Lösungen für Finite Differenzen (FD) oder FE-Systeme unter Verwendung von "Hilfssystemen" auf gröberen Gittern bzw. Triangulierungen. Dabei macht man sich zunutze, daß diese Hilfssysteme kleiner und somit "billiger" zu lösen sind. Grob kann man zwischen zwei Arten von Mehrgitterverfahren unterscheiden:

a) den Reduktionsverfahren für spezielle, einfach gebaute Systeme. Das sind direkte Verfahren, die durch Elimination die Größe des Systems in mehreren Schritten jeweils halbieren.

sowie

b) den iterativen Mehrgitterverfahren, die wesentlich flexibler sind als Reduktionsverfahren und in gewisser Weise als beschleunigte Relaxationsverfahren aufgefaßt werden können.

Mehrgitterverfahren sind außerordentlich schnell. Sie sind allerdings nicht ganz leicht zu programmieren und wurden bisher hauptsächlich bei Differenzenverfahren verwendet. Der Grund dafür ist, vereinfacht ausgedrückt, daß man zu Differenzengittern leicht ein zugehöriges "gröberes" finden kann, was bei nicht regulären Triangulierungen nicht immer der Fall ist.

Trotzdem gibt es in jüngerer Zeit sehr erfolgversprechende Ansätze hin zur Anwendung bei Finiten Elementen. Überhaupt erfuhren Mehrgitterverfahren (im folgenden kurz MG-Verfahren), die Mitte der sechziger Jahre aufkamen, in den letzten zehn Jahren eine stürmische Entwicklung. Die derzeitige rege Forschungstätigkeit läßt vermuten, daß diese Entwicklung noch lange nicht abgeschlossen ist. Wichtig und einer der Schwerpunkte dabei ist die Erstellung möglichst "alltagstauglicher" und verläßlicher Software.

2.2.1 REDUKTIONSVERFAHREN

Stellvertretend für die große Klasse der Reduktionsverfahren("fast elliptic solvers"), soll zunächst das einfachste, nämlich die zyklische Reduktion mit einer als Buneman-Algorithmus bekannten "gutartigen" Variante vorgestellt werden.

Mit diesen beiden Algorithmen lassen sich äußerst schnell die Probleme

$$-\Delta u = f \quad \text{(Poisson-Gleichung)}$$
$$-\Delta u + c\cdot u = f \quad \text{(Helmholtz-Gleichung)}$$
$$\Delta\Delta u = f \quad \text{(Plattengleichung)}$$

in diskretisierter Form über einem Rechteckgebiet mit Dirichlet-Randbedingungen lösen. Durch Kombination mit der Kapazitätsmatrixmethode [5] kann man die Reduktionsverfahren zwar auch bei Differentialgleichungen über beliebigen krummrandigen Gebieten verwenden, allerdings mit wesentlich mehr Rechen- und vor allem Programmieraufwand. Außerdem sind auf jeden Fall ortsabhängige Koeffizienten, also variable Materialgrößen, ausgeschlossen.

Das Differenzenverfahren für die Poisson- und Helmholtzgleichung über einem Rechteck liefert ein Gleichungssystem folgender Blockstruktur:

$$(2.2\text{-}1) \qquad Ax = \begin{pmatrix} A_1 & -I & & & \\ -I & A_1 & -I & & \\ & -I & A_1 & -I & \\ & & \ddots & \ddots & \ddots \\ & & & \ddots & \ddots & -I \\ & & & & -I & A_1 \end{pmatrix} \cdot \begin{pmatrix} x_1 \\ x_2 \\ x_3 \\ \vdots \\ x_k \end{pmatrix} = \begin{pmatrix} b_1 \\ b_2 \\ b_3 \\ \vdots \\ b_k \end{pmatrix} = b \ .$$

Dabei ist $x_j := (x_{j1},\ldots,x_{jm})^T$ die Zusammenfassung der gesuchten Gitterfunktionswerte auf der j-ten Zeile des Gitters, und b_j die Zusammenfassung der entsprechenden Lasten. Ausgeschrieben lauten drei aufeinanderfolgende solcher "Block"-Gleichungen

$$\begin{aligned} -x_{j-2}+A_1x_{j-1}-\ x_j \qquad\qquad &= b_{j-1} \\ -\ x_{j-1}+A_1x_j-\ x_{j+1} \qquad &= b_j \\ -\ x_j+A_1x_{j+1}-\ x_{j+2} &= b_{j+1} \ . \end{aligned}$$

Multiplikation der zweiten Zeile mit A_1 und Addition der ersten und dritten führt auf eine Blockgleichung, in der x_{j-1} und x_{j+1} eliminiert ist:

$$-x_{j-2}+(A_1^2-2I)x_j-x_{j+2} = b_{j-1}+A_1b_j+b_{j+1} \ .$$

Bei ungeradem k kann man auf diese Weise alle x_ℓ mit ungeradem Index ℓ eliminieren. Man erhält das folgende, im wesentlichen halb so große Gleichungssystem

$$(2.2\text{-}2)\qquad \begin{pmatrix} A_2 & -I & & \\ -I & A_2 & -I & \\ & \ddots & \ddots & \ddots \\ & & \ddots & -I \\ & & -I & A_2 \end{pmatrix} \cdot \begin{pmatrix} x_2 \\ x_4 \\ \vdots \\ x_{k-1} \end{pmatrix} = \begin{pmatrix} b_1+A_1b_2+b_3 \\ b_2+A_1b_3+b_4 \\ \vdots \\ b_{k-2}+A_1b_{k-1}+b_k \end{pmatrix}$$

(mit $A_2 = A_1^2-2I$), mit dessen Hilfe alle Blockkomponenten der Lösung mit geradzahligem Index berechnet werden können. Dabei hat das neue, reduzierte Gleichungssystem prinzipiell dieselbe Blockstruktur wie das ursprüngliche. Die Blockkomponenten mit ungeradzahligem Index erhält man nach der Lösung von (2.2-2) aus den $\frac{k-1}{2}$ kleinen Gleichungssystemen:

$$(2.2\text{-}3)\qquad A_1x_j = b_j+x_{j-1}+x_{j+1} \quad (\text{wobei } x_0 := x_k := 0)\ .$$

Beim Reduktionsschritt werden also die Gitterfunktionswerte jeder zweiten Zeile eliminiert. Das System (2.2-2) kann aufgefaßt werden als ein Differenzengleichungssystem für das entsprechend gröbere Gitter.

Offensichtlich kann die Reduktion solange weitergeführt werden, bis die Zahl der Gitterzeilen erstmals gerade wird (bestenfalls 0, was nur für $k = 2^p-1$ möglich ist). Bleiben Gitterzeilen übrig, so wird das entsprechende System durch Cholesky-Faktorisierung gelöst. Anschließend berechnet man in einem "Rückwärtsschritt" die noch verbleibenden Blockkomponenten nach (2.2-3). Schematisch:

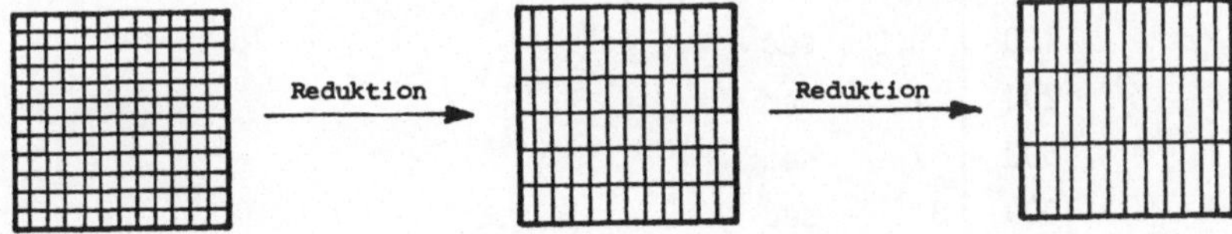

Abb. 2.2-1

Die <u>zyklische Reduktion</u> ist in dieser Form aus folgenden Gründen noch nicht konkurrenzfähig:

1. die bei jedem Reduktionsschritt durchzuführende Berechnung der Matrizen $A_k = A_{k-1}^2 - 2I$ ist sehr aufwendig,

2. die Lösung der Gleichungssysteme (2.2-3) kostet viel Zeit (die Matrizen A_k werden rasch vollbesetzt!),

3. der Rundungsfehlereinfluß ist sehr groß, was mit dem raschen Wachstum der Norm der Matrizen A_k zusammenhängt.

Die beiden ersten Nachteile überwindet man leicht durch Ausnutzung einer speziellen Produktdarstellung der Matrizen A_k. Den Rundungsfehlereinfluß kann man wesentlich verringern, wenn man eine von Buneman vorgeschlagene Umformulierung der Gleichungssysteme (2.2-3) verwendet. Danach treten dort nur Größen auf, die sich numerisch "stabil", d.h. mit kontrollierbarem Rundungsfehlereinfluß berechnen lassen (Näheres zu diesen Varianten ist in der angegebenen Literatur zu finden).

Zur Durchführung des Buneman-Algorithmus benötigt man für das Modellbeispiel in zwei Dimensionen nicht wesentlich mehr Speicherplatz als bei Relaxationsverfahren sowie

$$3k^2(\log_2 k + 0.5) \text{ Operationen,}$$

was etwa folgende Rechenzeiten bedeutet:

k	zweidimensional
20	0.006 sec
50	0.05 sec
100	0.2 sec
200	1 sec
500	7 sec
1000	31 sec

Beim Vergleich mit dem ADI-Verfahren ergibt sich, daß der Buneman-Algorithmus in kürzerer Zeit die (theoretisch) exakte Lösung des diskretisierten Systems liefert, als das ADI-Verfahren für eine korrekte Stelle benötigt.

Noch schneller als der Buneman-Algorithmus und außerdem noch weniger Rundungsfehler-empfindlich ist das Reduktionsverfahren von Schröder-Trottenberg, das auf dieselbe Problemklasse wie der Buneman-Algorithmus angewendet werden kann. Dieses Verfahren verdoppelt pro Reduktionsschritt die Gitterweite in beiden Richtungen. Dazu werden in einem Zwischenschritt zunächst alle Gitterfunktionswerte in den "weißen" Punkten eliminiert (vgl. Schachbrett-SOR). Dabei entsteht ein um 45° gedrehtes Gitter; nochmalige Elimination der weißen Punkte dieses Gitters vollendet den Reduktionsschritt. Schematisch zeigt dies Abb. 2.2-2.

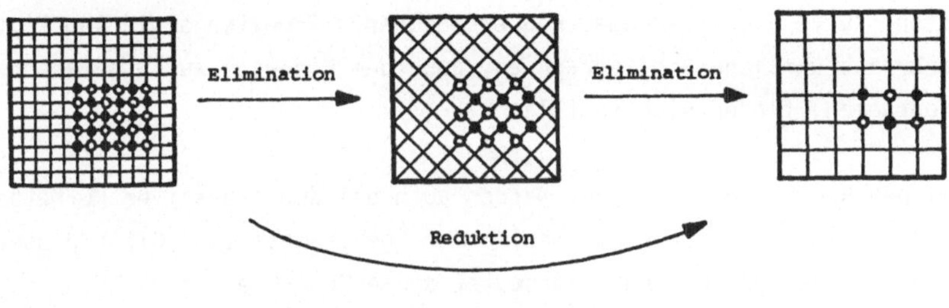

Abb. 2.2-2

Da eine genauere Beschreibung dieses Algorithmus recht kompliziert ist, wird hier darauf verzichtet. Das Verfahren läßt sich auch auf den dreidimensionalen Fall übertragen. Sowohl in zwei als auch in drei Dimensionen benötigt man nicht viel mehr Speicherplatz als bei Relaxationsverfahren.

Mit

$9.5\ k^2$ Operationen (zweidimensional)

bzw.

$(9.5+5\log_2 k)k^3$ Operationen (dreidimensional)

ergibt sich an ungefährer CPU-Zeit für das Modellproblem

k	zweidim.	dreidim.	
20	0.004 sec	0.25 sec	
50	0.02 sec	4.7 sec	
100	0.1 sec	43 sec	
200	0.4 sec	6.4 min	irrelevant wegen übergroßem Speicherplatzbedarf.
500	2.4 sec	1.9 h	
1000	9.5 sec	16.5 h	

Ein mit dem Schröder-Trottenberg-Verfahren vergleichbar schnelles Verfahren ist der FACR-Algorithmus ("Fourier analysis and cyclic reductions"), bei dem die im Buneman-Algorithmus entstehenden kleinen Gleichungssysteme durch schnelle Fourier-Transformation (FFT) gelöst werden.

2.2.2 ITERATIVE MEHRGITTERVERFAHREN

Wie bereits erwähnt, sind MG-Verfahren noch recht neu und erfahren zur Zeit eine rasche Entwicklung. Bis jetzt fanden sie wenig Eingang in die Lehrbuch-Literatur. Es gibt jedoch eine große Zahl von Veröffentlichungen in Fachzeitschriften. Kurze Inhaltsangaben neu erschienener Arbeiten sowie von Zeit zu Zeit sehr ausführliche Bibliographien, außerdem Hinweise auf und Beschreibung von Programmen, finden sich in [11].

Wie bei den Reduktionsverfahren, werden auch bei den iterativen MG-Methoden Diskretisierungen auf mehreren, ineinander "geschachtelten" Gittern oder Triangulierungen betrachtet. Dabei bedeutet diese Schachtelung

bei Gittern, daß jeder Gitterpunkt des groben Gitters auch Gitterpunkt des feinen ist, und

bei Triangulierungen, daß jedes Dreieck der feinen Triangulierung vollständig von einem Dreieck der groben Triangulierung überdeckt wird (woraus folgt, daß jeder Knoten der groben Triangulierung auch ein Knoten der feinen Triangulierung ist) (Abb. 2.2-3).

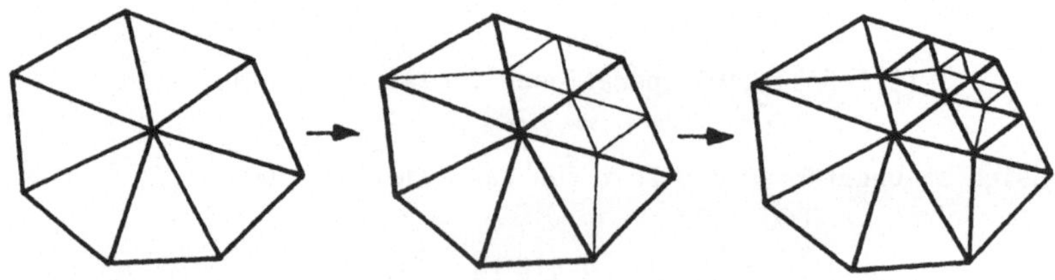

Abb. 2.2-3
Geschachtelte Triangulierungen

Um nun eine Lösung der diskretisierten Differentialgleichung auf der feinsten Unterteilung zu berechnen, werden Relaxationsschritte auch über den gröberen

Unterteilungen durchgeführt. Zur Begründung soll zunächst die Wirkung eines Relaxationsschrittes näher untersucht werden.

Ist $x^{(k)}$ eine Näherung an die Lösung x der diskretisierten Differentialgleichung, so sollte ein Relaxationsschritt den Fehlervektor

$$e^{(k)} := x^{(k)}-x$$

in allen Komponenten möglichst klein machen. Es zeigt sich, daß diese Fehlerreduktion umso schlechter ist, je weniger sich die Gitterwerte des Fehlers in benachbarten Knoten unterscheiden. Etwas präziser kann man folgendes zeigen: Zerlegt man den Fehlervektor in seine verschiedenen Frequenzanteile (durch "diskrete Fouriertransformation", die hier nicht näher erörtert werden soll und zum Verständnis des folgenden nicht wichtig ist), so erkennt man, daß die Relaxation die langwelligen Fehleranteile schlecht und die kurzwelligen Anteile sehr gut dämpft.

Wichtig zum Verständnis der MG-Verfahren ist eine zweite Beobachtung: die "Wellenlänge" der diskreten Fourieranteile muß relativ zur Gitterweite gesehen werden. Überträgt man eine langwellige Gitterfunktion auf ein gröberes Gitter (indem man beispielsweise nur jeden zweiten Knoten betrachtet), so entsteht eine höherfrequente Funktion, die durch ein Relaxationsverfahren schneller als die usprüngliche gedämpft wird:

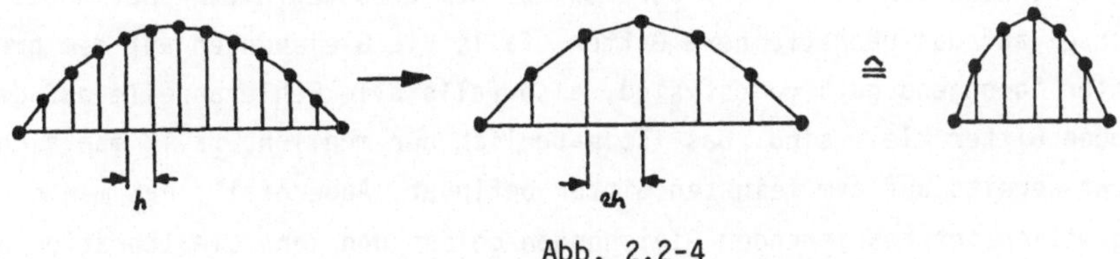

Abb. 2.2-4

Im Extremfall (d.h. bei der höchstmöglichen Frequenz auf dem feinen Gitter) wird die Gitterfunktion auf dem groben Gitter sogar zu Null:

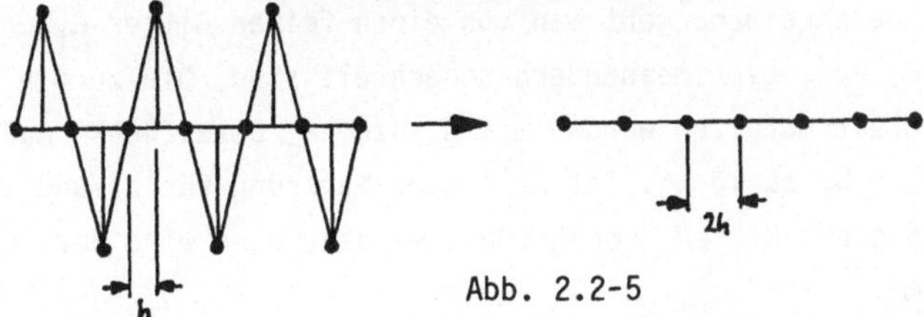

Abb. 2.2-5

Die den iterativen MG-Verfahren zugrundeliegende Idee besteht nun darin, die Fehleranteile verschiedener Frequenz auf jeweils "geeigneten" Gittern zu dämpfen. Auf den feineren Gittern (oder Triangulierungen) wird das Relaxationsverfahren eigentlich nur als Glättung verwendet, um die hochfrequenten, auf groben Gittern "nicht sichtbaren" Anteile zu dämpfen. Da die Konvergenzgeschwindigkeit der Relaxationsverfahren offenbar durch die niedrigsten zu betrachtenden Frequenzen bestimmt wird, kann man hoffen, auf diese Art schnelle Verfahren konstruieren zu können.

Wie und wann wird man den Wechsel zwischen zwei Gittern vornehmen? Anforderungen an das "wie" sind etwa:

- geringer Rechenaufwand,
- wenig zusätzlicher Speicherplatz,
- so, daß insgesamt das richtige Gleichungssystem gelöst wird (nämlich das auf dem feinsten Gitter),
- Stabilität (d.h. kein "Aufschaukeln" von Rundungsfehlern).

Für die Frage nach dem "wann" gelten folgende Überlegungen:

- Wechsel auf das nächstgröbere Gitter jedenfalls dann, wenn die hochfrequenten Fehleranteile auf dem feinen Gitter genügend klein sind, aber noch niederfrequente Anteile vorhanden sind. Dieser Wechsel ist natürlich nur möglich, wenn man sich nicht bereits auf dem gröbsten Gitter befindet.
- Wechsel auf das nächstfeinere Gitter, falls die Gleichungen auf dem groben Gitter "genügend gut" gelöst sind, also falls alle Fehleranteile auf dem groben Gitter klein sind. Das ist natürlich nur möglich, falls man sich nicht bereits auf dem feinsten Gitter befindet. Andernfalls hat man die eigentlich interessierenden Gleichungen gelöst und kann die Iteration abbrechen.

Um den Gitterwechsel (auch eine Triangulierung wird im folgenden mit Gitter bezeichnet) zu beschreiben, geht man von einen feinen Gitter G_f und einem groben Gitter G_g aus, die ineinandergeschachtelt sind. Die zu den Gittern gehörigen Steifigkeitsmatrizen werden mit A_f bzw. A_g bezeichnet. Auf dem feinen Gitter ist $A_f x_f = b_f$ zu lösen. Ist $x_f^{(k)}$ eine Näherung für x_f und soll ein Wechsel auf das grobe Gitter durchgeführt werden, dann wird dazu das <u>Defektkorrektursystem</u>

(2.2-4) $A_f e_f = r_f = A_f x_f^{(k)} - b_f$

betrachtet. Aus der exakten Lösung e_f dieses Systems könnte man x_f berechnen:

(2.2-5) $x_f = x_f^{(k)} - e_f$.

Statt (2.2-4) löst man auf dem groben Gitter das "ähnliche", aber kleinere System

(2.2-6) $A_g e_g = (r_f)_g$ (Abstieg) .

Dabei ist $(r_f)_g$ eine geeignete Übertragung (Restriktion) des Lastvektors r_f auf das grobe Gitter. Bei dieser Übertragung müssen die Lasten der Knoten, die nicht im groben Gitter vorkommen, geeignet auf die vorkommenden Knoten verteilt werden.

Hat man das System (2.2-6) mit dem Ergebnis $\tilde{e}_g$ genügend gut gelöst, wird wieder ein Aufstieg auf das feine Gitter durchgeführt. Dazu setzt man statt (2.2-5)

(2.2-7) $\tilde{x}_f = x_f^{(k)} - (\tilde{e}_g)_f$.

Hierbei ist $(\tilde{e}_g)_f$ eine Übertragung (Prolongation) der Grobgitterfunktion $\tilde{e}_g$ auf das feine Gitter. Jetzt müssen Werte in den Knoten, die im groben Gitter nicht vorkommen, aus den vorkommenden interpoliert werden.

Bei diesem Aufstieg entstehen neue, hochfrequente Fehleranteile, die durch anschließende Relaxation auf dem feinen Gitter gedämpft werden. Als Ergebnis des kompletten Zyklus erhält man schließlich die nächste Näherung $x_f^{(k+1)}$.

Die zunächst unmotiviert erscheinende Verwendung des Defektkorrektursystems auf dem groben Gitter (anstelle z.B. des Systems $A_g x_g = (b_f)_g$) stellt sicher, daß auf dem feinsten Gitter das richtige System gelöst wird. Mit anderen Worten: wird die Iteration stationär, also $x_f^{(k+1)} = x_f^{(k)}$, dann hat man die Lösung berechnet: $x_f^{(k)} = x_f$. Das ist keineswegs selbstverständlich. In diesem Zusammenhang ist wichtig, daß man die iterative Lösung von (2.2-6) mit dem Startvektor $e_g^{(o)} = 0$ beginnt.

Weiter erreicht man durch Verwendung des Defektkorrektursystems, daß das MG-Verfahren stabil ist, was unter anderem aus $||(\tilde{e}_g)f|| \ll ||x_f^{(k)}||$ folgt.

Restriktion und Prolongation

Die einfachste (und gebräuchlichste) Restriktion geschieht durch gleichanteilige Aufteilung der Last jedes im groben Gitter nicht auftretenden Knotens auf die unmittelbar benachbarten Grobgitterknoten:

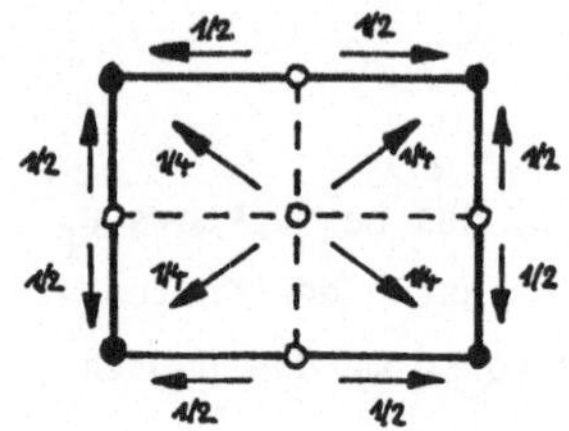

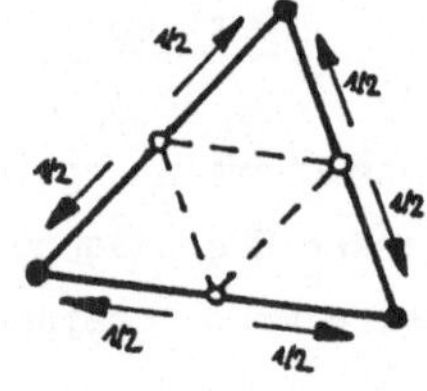

● Grobgitterknoten
o Feingitterknoten, die keine Grobgitterknoten sind

bei Differenzenverfahren bei stückweise linearen FE

Abb. 2.2-6

Durch "Umdrehen der Pfeile" erhält man eine dazu passende, ebenfalls gebräuchliche Prolongation. Hier werden Werte in den Feingitterknoten aus den Werten in den unmittelbar benachbarten Grobgitterknoten gemittelt:

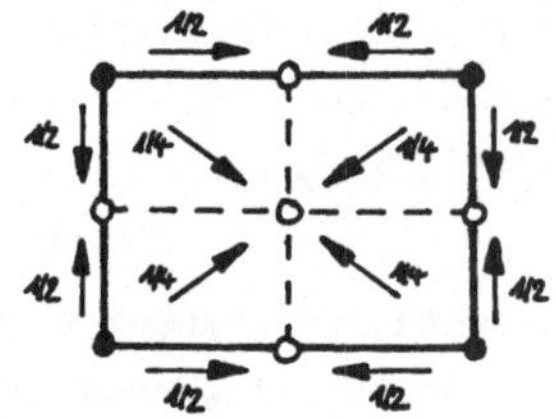
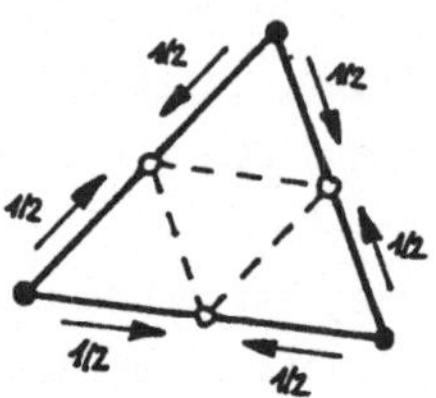

Abb. 2.2-7

Auf- und Abstiegsstrategien

Wann ein Gitterwechsel vorzunehmen ist, kann man entweder vor Beginn der Rechnung festlegen (starre MG-Technik), oder im Verlauf der Rechnung anhand der erzielten Resultate entscheiden (adaptive MG-Technik).

Bei der starren MG-Technik ist zwar nicht sicherzustellen, daß man die oben angegebenen Kriterien für einen Gitterwechsel immer "trifft", dafür sind diese Verfahren jedoch robust im Konvergenzverhalten und einfacher zu programmieren. Vergleiche der Konvergenzgeschwindigkeit bei verschiedenen starren MG-Techniken und entsprechende Empfehlungen (allerdings meist nur bei "Modellproblemen") findet man in der Spezialliteratur. Jede starre MG-Technik läßt sich durch ihr Zyklusdiagramm kennzeichnen. Ein Beispiel gibt Abb. 2.2-8.

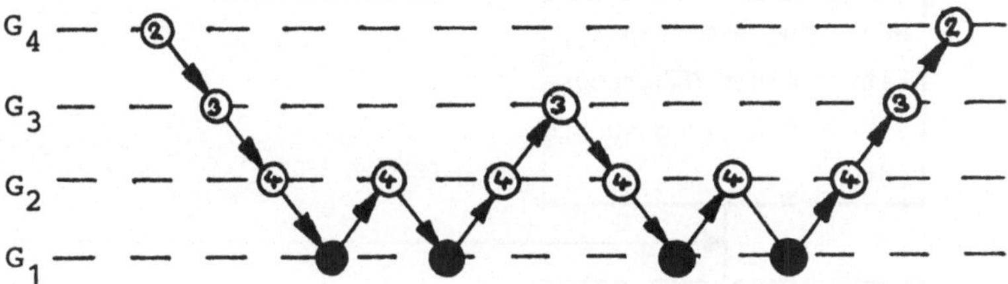

Abb. 2.2-8 Zyklusdiagramm

Dabei sind G_1,G_2,G_3,G_4 geschachtelte Gitter (und zwar G_4 das feinste und G_1 das gröbste). Es bedeutet weiter

- ⓚ Durchführung von k Relaxationen auf dem jeweiligen Gitter,
- ● exakte Lösung des Systems auf dem gröbsten Gitter,
- ↘ Abstieg auf das nächstgröbere Gitter durch Bilden des Systems (2.2-6),
- ↗ Aufstieg auf das nächstfeinere Gitter gemäß (2.2-7).

Der im Beispiel vorgestellte Zyklus heißt W-Zyklus. Durch Verwendung von weiteren W-Zyklen anstelle der exakten Lösung auf G_1 kann er für beliebig viele geschachtelte Gitter erklärt werden. Neben dem W-Zyklus wird oft der einfachere V-Zyklus verwendet (Abb. 2.2-9):

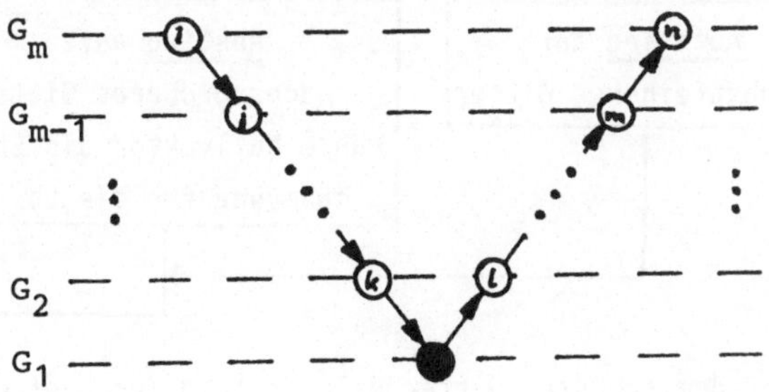

Abb. 2.2-9

Bei der adaptiven MG-Technik hält man sich genau an die vorgeschlagenen Kriterien für einen Gitterwechsel. Sie wird durch folgendes Flußdiagramm beschrieben:

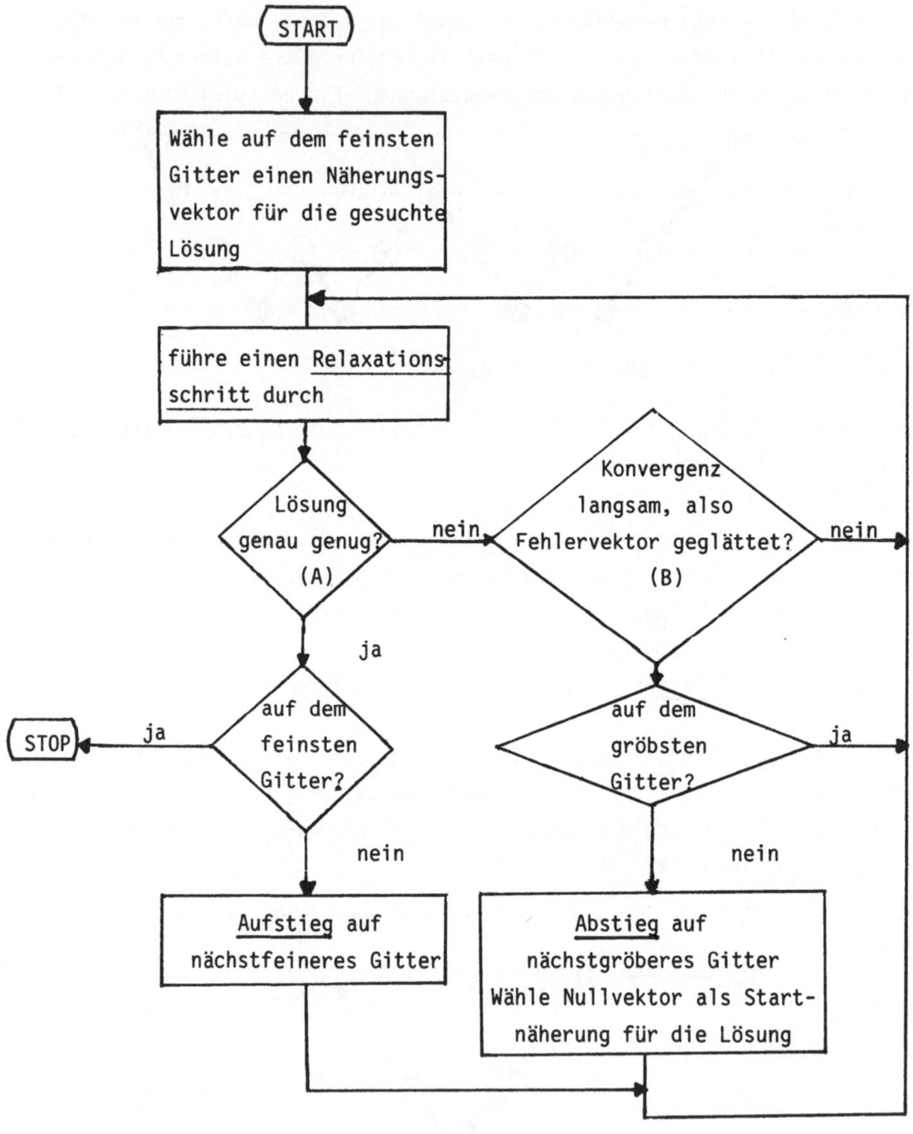

Hier werden auch auf dem gröbsten Gitter Relaxationen durchgeführt. Alternativ dazu wird das System auf dem gröbsten Gitter häufig durch Cholesky-Faktorisierung exakt gelöst (s.o.).

Als Kriterium in (A) testet man oft, ob der Defekt klein genug ist:

$$||Ax^{(k)}-b|| = ||r^{(k)}|| \leqq \varepsilon \;?$$

In (B) verwendet man die Konvergenzrate:

$$\frac{||x^{(k)}-x^{(k-1)}||}{||x^{(k-1)}-x^{(k-2)}||} \leqq \mu \;?$$

(vgl. 2.1-3). Ein großes Problem dabei ist, die Schranken ε und μ richtig aufeinander abzustimmen. Einen geeigneten Wert für μ bekommt man bei einfachen Problemen mit Mitteln der Fourieranalysis ("local mode analysis", s.o.).

"Volle" MG-Methode und lokale Gitterverfeinerung

Man erhält eine interessante Variante der MG-Verfahren, wenn man das feinste verwendete Gitter nicht von vornherein festlegt, und demnach auch nicht auf diesem Gitter mit den Relaxationen beginnt, sondern das Gitter so lange verfeinert, bis man nahe genug bei der Lösung der kontinuierlichen Differentialgleichung ist. Genaugenommen ist man ja an dieser Funktion und weniger an der exakten Lösung eines diskretisierten Problems interessiert. Bei der so erklärten "vollen" MG-Methode (englisch: "full multigrid method") sind die beiden Prozesse

- Diskretisierung des kontinuierlichen Problems,
- Lösung des diskretisierten Problems,

nicht mehr streng voneinander getrennt. Als Zyklusdiagramm bei einer starren Gitterwechselstrategie ergibt sich etwa der in Abb. 2.2-10 dargestellte Verlauf

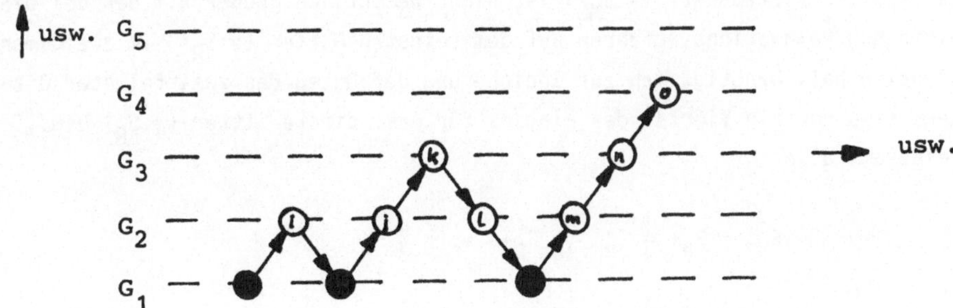

Abb. 2.2-10

Natürlich muß das Gitter nicht überall verfeinert werden, sondern nur dort, wo:
die Kenntnis der genauen Lösung besonders wichtig ist,
Singularitäten zu erwarten sind (einspringende Ecken),
die bereits berechnete diskretisierte Lösung noch zu ungenau ist (was allerdings nur schwer zu entscheiden ist).

Rechenzeit- und Speicherplatzbedarf

Mehrgitterverfahren mit geeigneter, starrer Gitterwechselstrategie benötigen zur Lösung des Systems auf dem feinsten Gitter im zweidimensionalen Fall höchstens

$C \cdot n$ Operationen.

Dabei ist n die Zahl der Knoten des feinsten Gitters, und mit "Lösung" ist die Erzielung einer beliebigen, aber fest vorgegebenen Genauigkeit gemeint. Die Konstante C hängt nicht von n ab, kann aber nur bei einfachen Problemen konkret angegeben werden.

Diese Abschätzung der Operationszahl bedeutet, daß sich bei Verdoppelung der Größe des Systems auch der Rechenaufwand nur verdoppelt.
Ein ähnlich günstiges Verhalten hatte von den bisher vorgestellten Lösungsverfahren nur das Reduktionsverfahren von Schröder-Trottenberg.

Bei komplizierteren Problemen (keine "Modell-Probleme") kann wegen der unbekannten Konstanten C allerdings die Rechenzeit nicht genau vorhergesagt werden.

Der Speicherplatzbedarf (= S_{MG}) ist nicht wesentlich größer als der bei einem einfachen Relaxationsverfahren auf dem feinsten Gitter (= S_R). Im zweidimensionalen Fall benötigt man zur Speicherung der Daten des zweitfeinsten Gitters etwa nur ein Viertel des Platzes für das feinste Gitter (= S_R) usw., insgesamt also

$$S_{MG} = S_R + \frac{1}{4} S_R + \frac{1}{16} S_R + \ldots \leqq \frac{4}{3} S_R .$$

Im dreidimensionalen Fall ist der Bedarf relativ sogar noch geringer:

$$S_{MG} = S_R + \frac{1}{8} S_R + \frac{1}{64} S_R + \ldots \leq \frac{8}{7} S_R \,.$$

Um die theoretisch vorhergesagten hohen Konvergenzgeschwindigkeiten tatsächlich zu erreichen, müssen Mehrgitterverfahren allerdings sehr sorgfältig programmiert werden. Das erfordert gegenüber einfachen Relaxationsverfahren beträchtlichen Aufwand. Außerdem ist die Wahl der richtigen Gitterwechselstrategie und eines geeigneten Relaxationsverfahrens nicht immer einfach.

ÜBUNGEN ZU 2.2

Ü2.2.1

Die beiden wesentlichen Argumente, die gegen die zyklische Reduktion in seiner einfachsten Form sprechen, sind

- der rasche Verlust der Bandstruktur von A_K und
- das rasche Anwachsen der Norm von A_K mit damit verbundenen übergroßen Rundungsfehlern bei der Durchführung.

a) Das Produkt einer Bandmatrix der Bandbreite m mit einer Bandmatrix der Bandbreite k besitzt im allgemeinen die Bandbreite m+k (für Spezialisten: Beweis?) A_1 hat die Bandbreite 1, welche Bandbreite hat also A_k?

b) Sowohl bei der Poisson- als auch bei der Helmholtz-Gleichung gilt

$$||A_1||_2 = \lambda_{max}(A_1) \geqq 3 \,,$$

und (weil die Matrizen A_k symmetrisch sind)

$$||A_k||_2 = |\lambda_{max}(A_k)| \,.$$

Wie groß ist $||A_k||_2$, k = 2,...,6 mindestens?

Hinweis zu b): Ist μ ein Eigenwert von A_k, dann ist μ^2-2 ein Eigenwert von $A_{k+1} = A_k^2 - 2I$ (Beweis?)

2.3 ITERATIONSVERFAHREN IM NICHTLINEAREN FALL

Differenzenverfahren und FE-Verfahren führen nicht immer auf ein lineares Gleichungssystem. Liegt etwa ein nichtlineares Materialgesetz vor oder sind große Verschiebungen, also geometrische Nichtlinearitäten zu erwarten, muß man nach der Diskretisierung ein großes nichtlineares Gleichungssystem lösen. Dieses läßt sich immer auf die Gestalt

$$F(x) = \begin{pmatrix} f_1(x_1,\dots,x_n) \\ \vdots \\ f_n(x_1,\dots,x_n) \end{pmatrix} = 0$$

bringen (im linearen Fall wäre $F(x) := A\cdot x - b$). In Analogie zum linearen Fall läßt sich oft schreiben

$$F(x) = A(x)\cdot x - b \ ,$$

wobei $A(x)$ bei FE-Verfahren wieder als Steifigkeitsmatrix bezeichnet wird. Die "Steifigkeit" hängt jetzt (aus oben erwähnten Gründen) von der Lösung x selbst ab. Das gilt oft zusätzlich auch für die Last b, also $b = b(x)$.

Statt der Systemmatrix A (im linearen Fall) ist jetzt die Hesse-Matrix $F'(x)$ für die Eigenschaften des Systems maßgeblich. Diese wird wie folgt berechnet:

$$F'(x) := \begin{pmatrix} \frac{\partial f_1}{\partial x_1}(x) & \dots & \frac{\partial f_1}{\partial x_n}(x) \\ \vdots & & \vdots \\ \frac{\partial f_n}{\partial x_1}(x) & \dots & \frac{\partial f_n}{\partial x_n}(x) \end{pmatrix} .$$

Die Hesse-Matrix stimmt (außer im linearen Fall) nicht mit der Steifigkeitsmatrix überein!
Beide Matrizen besitzen jedoch die in 2.1 diskutierten Eigenschaften: Sie sind groß, schwach besetzt, haben Bandstruktur und sind schlecht konditioniert. Die Symmetrie der Steifigkeitsmatrizen überträgt sich allerdings nicht unbedingt auf die Hesse-Matrix.

Auch im nichtlinearen Fall müssen effiziente Lösungsverfahren diesen Eigenschaften Rechnung tragen.

Nichtlineare Gleichungssysteme sind nicht direkt, also in endlich vielen Schritten exakt lösbar, von ganz wenigen unbedeutenden Spezialfällen abgesehen. Somit ist man auf Iterationsverfahren angewiesen, für die es viel schwerer als im linearen Fall ist, eine "allgemeingültige" Beurteilung zu finden. Da es kein Iterationsverfahren gibt, das alle möglichen Systeme zuverlässig und effektiv lösen kann, muß von Fall zu Fall ein geeignetes ausgewählt werden. Kriterien sind etwa:
Ist die Konvergenz des Verfahens sichergestellt?
Ist genügend Speicherplatz vorhanden?
Benötigt das Verfahren partielle Ableitungen von F und sind diese mit vertretbarem Aufwand berechenbar?
Wie groß ist der Programmieraufwand? Wieweit kann existierende Software für entsprechende lineare Systeme verwendet werden?
Wie schnell konvergiert das Verfahren, also wieviel Rechenzeit ist zu erwarten (damit eng im Zusammenhang: Wie hoch sind die Genauigkeitsanforderungen?)

Aus der Vielzahl der Verfahren werden hier die zwei wichtigsten Klassen herausgegriffen:

1. das Newton-Verfahren (auch: Newton-Raphson-Verfahren)
   mit einigen Varianten,

und

2. Relaxationsverfahren.

Das sind die am häufigsten verwendeten Verfahren, die sich je nach Schwerpunkten bei obigen Kriterien als gut geeignet für FD- und FE-Systeme erweisen. Aus Platzgründen wird nicht eingegangen auf schnellere, aber auch kompliziertere und oft weniger zuverlässige Verfahren, wie zum Beispiel nichtlineare cg-Verfahren und nichtlineare Mehrgitter-Verfahren.

2.3.1 NEWTON-VERFAHREN UND VARIANTEN

Das Newton-Verfahren beruht auf einer für jeden Näherungsvektor neu durchgeführten Linearisierung der Funktion F. Zum besseren Verständnis soll zunächst der eindimensionale Fall (also eine Funktion mit einer Variablen) rekapituliert werden:

Im eindimensionalen Fall wird bekanntlich die Funktion F durch die Tangente T_k im Punkt $(x^{(k)}, F(x^{(k)}))$ ersetzt, wenn $x^{(k)}$ eine Näherung der gesuchten Nullstelle x* ist (Abb. 2.3-1).

Abb. 2.3-1

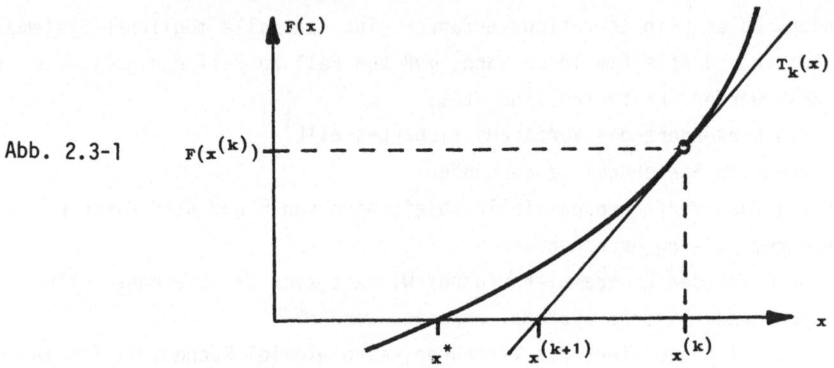

Als nächste Näherung $x^{(k+1)}$ wählt man die Nullstelle dieser Tangente. Die Tangentengleichung lautet

(2.3-1) $$T_k(x) = F(x^{(k)})+F'(x^{(k)})(x-x^{(k)}) .$$

Die Tangente T_k ist die einzige lineare Funktion, die im Punkt $x^{(k)}$ denselben Funktionswert und dieselbe Steigung wie F hat:

(2.3-2) $$\begin{aligned} T_k(x^{(k)}) &= F(x^{(k)}) \\ T_k'(x^{(k)}) &= F'(x^{(k)}) . \end{aligned}$$

Um den Fehler zu ermitteln, der bei der Linearisierung (= Ersetzen von F durch T_k) entsteht, entwickelt man F in die Taylor-Reihe:

$$\begin{aligned} F(x) &= F(x^{(k)})+F'(x^{(k)})\cdot(x-x^{(k)})+ \frac{1}{2} F''(z)(x-x^{(k)})^2 \\ &= T_k(x)+ \frac{1}{2} F''(z)(x-x^{(k)})^2 . \end{aligned}$$

Dabei ist z ein Argument, das irgendwo zwischen x und $x^{(k)}$ liegt. Es ergibt sich

(2.3-3) $$|F(x)-T_k(x)| \leqq c\cdot|x-x^{(k)}|^2 ,$$

falls x nicht zu weit von $x^{(k)}$ entfernt ist. Die Konstante c ist dabei unabhängig von x und $x^{(k)}$.

Auch im mehrdimensionalen Fall wird F bei der Linearisierung durch seine "Tangente" ersetzt. Diese ist wieder eine lineare Funktion, und zwar der Form

$$T_k(x) = Dx+d \qquad \text{(D Matrix, d Vektor)} ,$$

die im Punkt $x^{(k)}$ denselben Funktionswert und dieselbe Funktionalmatrix (= Ableitung) wie F hat:

(2.3-2') $$T_k(x^{(k)}) = F(x^{(k)})$$
$$T_k'(x^{(k)}) = F'(x^{(k)}) \qquad (= D) .$$

Durch diese Bedingungen ist die Tangente festgelegt. Es gilt wie im eindimensionalen Fall

(2.3-1') $$T_k(x) = F(x^{(k)})+F'(x^{(k)})(x-x^{(k)}) ,$$

also

$$D = F'(x^{(k)}),\ d = F(x^{(k)})-F'(x^{(k)})F(x^{(k)}) .$$

Für den Linearisierungsfehler gilt entsprechend (2.3-3)

(2.3-3') $$||F(x)-T_k(x)|| \leqq c\cdot||x-x^{(k)}||^2 .$$

Als neue Näherung $x^{(k+1)}$ wird nun die Nullstelle von T_k verwendet:

$$T_k(x^{(k+1)}) = 0 .$$

Nach Einsetzen von (2.3-1') erkennt man, daß $x^{(k+1)}$ Lösung des linearen Gleichungssystems

(2.3-4) $$F'(x^{(k)})\cdot x^{(k+1)} = F'(x^{(k)})x^{(k)}-F(x^{(k)})$$

ist. Zur Rundungsfehlerdämpfung und wegen des etwas geringeren Rechenaufwandes berechnet man $x^{(k+1)}$ jedoch wie folgt:

a) man löse das System $F'(x^{(k)})\cdot z = F(x^{(k)})$,

b) man setze $x^{(k+1)} = x^{(k)}-z$.

Insgesamt erhält man für das Newton-Verfahren folgendes Flußdiagramm:

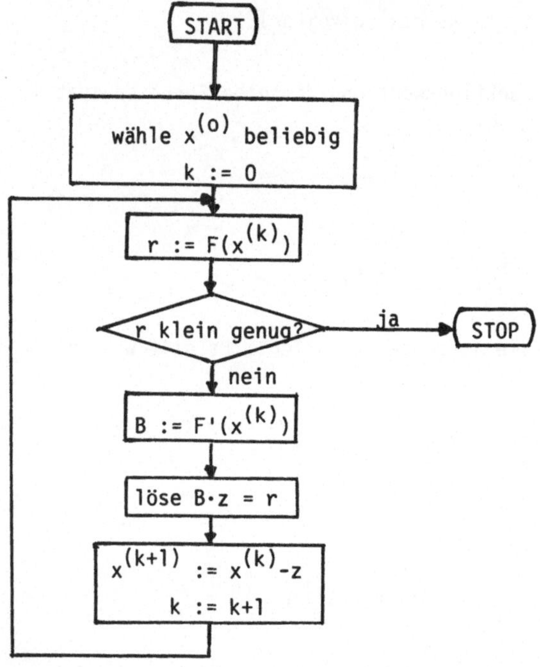

In dieser Form ist das Newton-Verfahren jedenfalls dann durchführbar, wenn die Funktionalmatrix für alle in Frage kommenden x regulär, also das Gleichungssystem Bz = r lösbar ist. Das bedeutet für die Praxis keine wesentliche Einschränkung. Außerdem konvergiert es immer gegen die gesuchte Lösung, wenn die Startnäherung nicht zu weit von dieser entfernt liegt. Allerdings hat man praktisch kaum eine Möglichkeit, vor der Rechnung zu entscheiden, ob der Startvektor Konvergenz garantiert.

Liegt jedoch der Startvektor ausreichend nahe bei der Lösung, so sind nur sehr wenige Iterationsschritte nötig, um eine beliebig vorgegebene Genauigkeit zu erreichen. Dabei muß allerdings diese gewünschte Genauigkeit unterhalb der Grenzgenauigkeit bleiben, die wegen des Rundungsfehlereinflusses nicht überschritten werden kann (vgl. Abschnitt 2.1.2).

Die Konvergenzgeschwindigkeit des Newton-Verfahrens kann man genauer angeben. Ist die Funktionalmatris F' im Lösungspunkt x* regulär (was im eindimensionalen Fall bedeutet, daß F in der Nullstelle keine waagrechte Tangente hat), so gilt

$$||x^{(k+1)}-x^*||_\infty \leqq c \cdot ||x^{(k)}-x^*||_\infty^2 \text{ , c konstant.}$$

Logarithmiert man diese Abschätzung, erhält man

$$-\log||x^{(k+1)}-x^*||_\infty \geqq 2(-\log||x^{(k)}-x^*||_\infty)-\log c.$$

Nun gibt die Größe $-\log||x^{(k)}-x^*||_\infty$ an, wieviel Stellen von $x^{(k)}$ bei Festkommadarstellung korrekt sind. Ist also $x^{(o)}$ nahe genug bei x*, so daß $||x^{(o)}-x^*||_\infty << c$, so wird bei jedem Iterationsschritt die Zahl der korrekten Stellen verdoppelt. Allerdings ist hierbei der Rundungsfehlereinfluß nicht berücksichtigt.

Die Nachteile des Newton-Verfahrens liegen auf der Hand. Zum einen müssen alle partiellen Ableitungen von F (formelmäßig) bekannt sein und in jedem Schritt einmal ausgewertet werden. Weiter muß pro Schritt ein lineares Gleichungssystem exakt gelöst werden. Diese Systeme stimmen in Größe und Struktur mit dem (einen) System überein, das sich bei Diskretisierung eines linearen Randwertproblems ergibt. Somit ist der zu erwartende Rechenaufwand ein Vielfaches des Aufwandes im linearen Fall. Beim (klassischen) Newton-Verfahren werden die Gleichungssysteme meist durch den Gauß- oder Cholesky-Algorithmus gelöst, so daß auch bezüglich Speicherplatz und Genauigkeit alle die Probleme auftreten, die in 2.1.1 diskutiert wurden.

Einfache Varianten des Newton-Verfahrens

Statt der aufwendigen exakten Lösung der Systeme kann man diese natürlich auch durch einige Schritte eines Iterationsverfahrens nur näherungsweise lösen. Als Startvektor für die in jedem Schritt durchzuführende "Sekundäriteration" wird meist der Näherungsvektor des Newton-Verfahrens aus dem vorangehenden Schritt verwendet. Ein typisches Verfahren dieser Klasse ist das Newton-SOR-Verfahren, in dem die Lösung der linearen Systeme durch eine meist feste Anzahl von SOR-Schritten angenähert wird.

Wichtiger ist das vereinfachte Newton-Verfahren, bei dem alle Matrizen $F'(x^{(k)})$ ersetzt werden durch $F'(x^{(o)})$. Das hat zwei Vorteile:

1. Die aufwendige Berechnung aller partiellen Ableitungen muß nur ein einziges Mal durchgeführt werden (anstatt in jedem Schritt),
2. Eine Cholesky-Faktorisierung muß ebenfalls nur einmal zu Beginn der Rechnung durchgeführt werden.

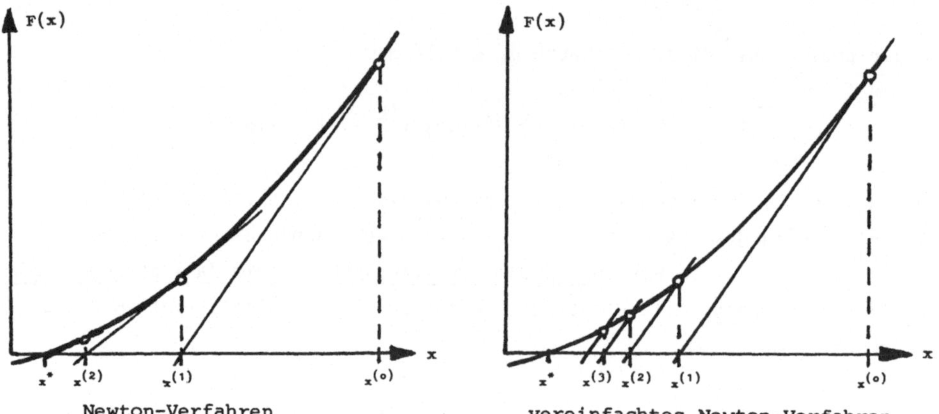

Newton-Verfahren

vereinfachtes Newton-Verfahren

im eindimensionalen Fall

Abb. 2.3-2

Lassen sich die partiellen Ableitungen von F nicht oder nur mit großem Aufwand berechnen, dann können diese ersetzt werden durch Differenzenquotienten:

$$\frac{\partial f_i}{\partial x_j}(x) \approx \frac{1}{h}\left\{f_i(x_1,\ldots,x_j,\ldots,x_n)-f_i(x_1,\ldots,x_j-h,\ldots,x_n)\right\} .$$

Dabei ist die Wahl einer Schrittweite h (die natürlich nicht konstant sein muß) nicht einfach: ist nämlich h zu groß, wird die partielle Ableitung zu schlecht angenähert. Ist h dagegen zu klein, wird der Rundungsfehler bei der Berechnung des Differenzenquotienten zu groß.

Oft ist es sinnvoll, $h = 10^{-k/2}$ zu wählen, wenn mit k Stellen gerechnet wird. Eine weitere Variante des Newton-Verfahrens, die ohne die Berechnung partieller Ableitungen auskommt, erhält man, wenn man die Funktionalmatrix $F'(x^{(k)})$ durch die Steifigkeitsmatrix $A(x^{(k)})$ ersetzt. Das resultierende Verfahren wird häufig als das Verfahren veränderlicher Steifigkeitsmatrix ("variable stiffness method") bezeichnet. Anstelle von (2.3-4) erhält man als Iterationsvorschrift

$$A(x^{(k)})x^{(k+1)} = A(x^{(k)})x^{(k)} - F(x^{(k)}) \ ,$$

also wegen $F(x) = A(x)\cdot x - b(x)$

$$A(x^{(k)})\cdot x^{(k+1)} = b(x^{(k)}) \ . \tag{2.3-4'}$$

Bei diesem Verfahren kann man vorhandene Software für den linearen Fall weitestgehend verwenden, denn $A(x^{(k)})$ ist die Steifigkeitsmatrix eines linearen Problems, bei dem die Materialeigenschaften eine (bekannte) Funktion der (bekannten) Näherung $x^{(k)}$ sind.

Im eindimensionalen Fall und bei konstantem b verwendet das Verfahren statt der Tangente im Punkt $(x^{(k)}, F(x^{(k)}))$ eine Sekante durch die Punkte $(0,F(0))$ und $(x^{(k)},F(x^{(k)}))$. Diese Sekante hat die Steigung $A(x)$ (Abb. 2.3-3).

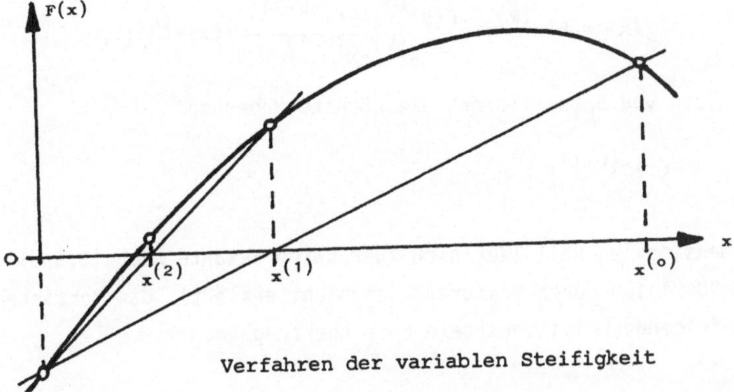

Abb. 2.3-3

Alle diese bis hierher vorgestellten Varianten des Newton-Verfahrens sind zwar in mancher Hinsicht weniger problematisch als das klassische Newton-Verfahren, aber dafür bei weitem nicht so schnell konvergent.

Sekanten- und Quasi-Newton-Verfahren. Der Broyden-Algorithmus

Fast so schnell wie das Newton-Verfahren und ohne Kenntnis einer Ableitung durchführbar ist im eindimensionalen Fall das Sekantenverfahren (das allerdings gegenüber Rundungsfehlern wesentlich empfindlicher ist). Hier wird F nicht durch eine Tangente T_k, sondern durch eine Sekante S_k ersetzt, die durch zwei aufeinanderfolgende Näherungen bestimmt ist (Abb. 2.3-4)

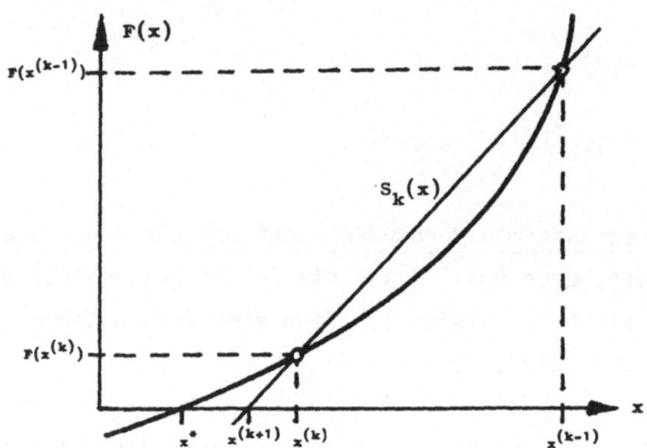

Abb. 2.3-4

Es gilt

(2.3-5) $$S_k(x) = F(x^{(k)}) + \frac{F(x^{(k)}) - F(x^{(k-1)})}{x^{(k)} - x^{(k-1)}} \cdot (x - x^{(k)}) ,$$

und Nullsetzen von $S_k(x)$ liefert die nächste Näherung:

$$S_k(x^{(k+1)}) = 0 .$$

Im mehrdimensionalen Fall läßt sich zwar keine Sekante nach (2.3-5) definieren (denn "Division durch Vektoren" ist nicht erklärt), das Verfahren ist jedoch in folgende, divisionsfreie Form übertragbar:

a) man wähle eine Matrix A_k so, daß

(2.3-6) $$A_k \cdot (x^{(k)} - x^{(k-1)}) = F(x^{(k)}) - F(x^{(k-1)}) ,$$

b) man berechne $x^{(k+1)}$ aus

$$A_k x^{(k+1)} = A_k x^{(k)} - F(x^{(k)}) .$$

Die Matrix A_k, die eine Näherung für die Funktionalmatrix $F'(x^{(k)})$ darstellt, ist durch (2.3-6) nicht eindeutig festgelegt. Man fordert deswegen zusätzlich, daß sich A_k aus den bekannten Größen A_{k-1}, $d^{(k)} := x^{(k)} - x^{(k-1)}$ und $u^{(k)} := F(x^{(k)}) - F(x^{(k-1)})$ berechnen läßt, also

$$A_k = A_k(A_{k-1}, d^{(k)}, u^{(k)}) \qquad \text{("Update-Formel").}$$

Alle Verfahren dieser Form nennt man Quasi-Newton-Verfahren. Das einfachste und zugleich am häufigsten verwendete ist das Broyden-Verfahren mit der Update-Formel

$$(2.3\text{-}7) \qquad A_k = A_{k-1} + \frac{1}{(d^{(k)})^T d^{(k)}} (u^{(k)} - A_{k-1} d^{(k)}) \cdot (d^{(k)})^T .$$

Diese Verfahren sind sehr schnell. Genauere Aussagen über die Geschwindigkeit sind in der angegebenen Literatur zu finden. Dabei kommen sie ohne partielle Ableitungen von F aus. Nachteile des Broyden-Verfahrens sind:

Die Matrizen A_k bleiben nicht schwach besetzt. Es gibt jedoch eine andere Update-Formel, die sicherstellt, daß A_k dieselbe Besetzungsstruktur wie $F'(x)$ hat,

die Matrizen A_k bleiben nicht symmetrisch, auch wenn A_0 und F' symmetrisch sind (Cholesky-Zerlegung ist also nicht mehr durchführbar!). Auch hier gibt es spezielle Update-Formeln, die die Symmetrie erhalten,

nach wie vor muß in jedem Schritt ein lineares Gleichungssystem gelöst werden. Aus (2.3-7) kann man jedoch eine Update-Formel für die Inverse $B_k := A_k^{-1}$ von A_k herleiten:

$$(2.3\text{-}7') \qquad B_k = B_{k-1} + \frac{1}{(d^{(k)})^T B_{k-1} u^{(k)}} (d^{(k)} - B_{k-1} u^{(k)})(d^{(k)})^T B_{k-1} .$$

Mit ihrer Hilfe läßt sich die Lösung des Gleichungssystems auf eine Matrix-Vektor-Multiplikation reduzieren. Allerdings sind die Matrizen B_k vollbesetzt. Eine andere Möglichkeit besteht in der Verwendung einer Update-Formel für die Cholesky-Zerlegung von A_k.

Verfahren der inkrementellen Last

Das Newton-Verfahren und viele seiner Varianten (wie auch die Quasi-Newton-Verfahren) sind erst dann zuverlässig und schnell, wenn die Startnäherung ausreichend nahe bei der Lösung liegt. Eine solche gute Näherung kann man sich zum Beispiel durch ein "robustes", aber dafür langsameres Iterationsverfahren (etwa durch eines der im nächsten Abschnitt vorgestellten Relaxationsverfahren) verschaffen. Eine andere Möglichkeit besteht im schrittweisen "Aufbauen" der Last: Statt

$$F(x) = A(x)\cdot x-b(x) = 0$$

löst man nacheinander die Systeme

$$F_1(x_1) := A(x_1)\cdot x_1-\varepsilon b(x_1) = 0$$

$$F_2(x_2) := A(x_2)\cdot x_2-2\varepsilon b(x_2) = 0$$

$$\vdots$$

$$F_k(x_k) := A(x_k)\cdot x_k-b(x_k) = 0$$

(also $k\cdot\varepsilon = 1$, $x = x_k$) durch eines der in diesem Abschnitt vorgestellten Verfahren. Als Startnäherung nimmt man dabei jeweils einen Vektor, der aus der Lösung des vorangehenden Problems "extrapoliert" wurde: So kann man zum Beispiel setzen

$$x_j^{(0)} = \frac{j}{j-1}\, x_{j-1}\,, \qquad j = 2,\dots,k\,.$$

Das wären nämlich bereits die exakten Lösungen von $F_j(x_j) = 0$, falls $A(x_j) = A(x_{j-1})$ und $b(x_j) = b(x_{j-1})$. Diese Startvektoren liegen bei genügend kleinen Lastinkrementen $\varepsilon\cdot b(x)$ ausreichend nahe bei den jeweils gesuchten Lösungen.

Näheres zu diesem auch für stark nichtlineare Probleme geeigneten Verfahren und Verallgemeinerungen findet man in [12].

2.3.2 RELAXATIONSVERFAHREN

Auch nichtlineare Systeme kann man mit Relaxationsverfahren lösen, die auf demselben Prinzip wie im linearen Fall beruhen. Zur Erläuterung dieses Prinzips wird zunächst das einfachste solche Relaxationsverfahren vorgestellt. Es handelt sich um das nichtlineare Gauß-Seidel-Verfahren, das allerdings in

dieser Form nicht sehr effektiv ist.
Beim nichtlinearen Gauß-Seidel-Verfahren werden bei jedem Schritt die n Gleichungen $F_i(x) = 0$, $i = 1,\ldots,n$ durchlaufen und jeweils nach der i-ten Komponente von x "aufgelöst", d.h. x_i wird so berechnet, daß $F_i(x)$ zu Null wird. Genauer lautet die Vorschrift:

Ist $x^{(k)}$ eine Näherung der Lösung, so wird die nächste Näherung $x^{(k+1)}$ nach folgendem Schema berechnet:

Man wähle $x_1^{(k+1)}$ so, daß

$$F_1(x_1^{(k+1)},x_2^{(k)},\ldots,x_{n-1}^{(k)},x_n^{(k)}) = 0 ,$$

man wähle $x_2^{(k+1)}$ so, daß

$$F_2(x_1^{(k+1)},x_2^{(k+1)},\ldots,x_{n-1}^{(k)},x_n^{(k)}) = 0$$

usw., bis

man wähle $x_n^{(k+1)}$ so, daß

$$F_n(x_1^{(k+1)},x_2^{(k+1)},\ldots,x_{n-1}^{(k+1)},x_n^{(k+1)}) = 0 .$$

Hängt die i-te Funktion $F_i(x)$ jeweils nur von x_i ab, liefert dieses Verfahren bereits nach einem Schritt die exakte Lösung. Das bleibt sogar richtig, wenn $F_i(x)$ von $x_1,\ldots,x_i$, nicht aber von $x_{i+1},\ldots,x_n$ abhängt. Solche Gleichungssysteme nennt man "entkoppelt" oder "gestaffelt". Sie haben Ähnlichkeit mit den Dreieckssystemen, die man nach einer Gauß- oder Cholesky-Faktorisierung bei linearen Systemen erhält.

Damit das nichtlineare Gauß-Seidel-Verfahren auch bei nicht entkoppelten Systemen verwendbar ist, darf die Kopplung , d.h. die Abhängigkeit der Funktionen $F_i(x)$ von den Unbekannten $x_{i+1},\ldots,x_n$, gegenüber der Abhängigkeit von den übrigen Unbekannten, und hier speziell x_i, nicht zu groß sein. Mit anderen Worten:

Die Gleichungen müssen so numeriert sein, daß x_i in $F_i(x)$ jeweils die dominierende Unbekannte darstellt.

Bei Differenzenverfahren und Finiten Elementen erhält man eine solche Numerierung meist automatisch als "Nebenprodukt" der Diskretisierung. Die Funktionen $F_i(x)$ stellen hier oft Kräfte dar, die im i-ten Knoten oder Gitterpunkt angreifen. Diese Kräfte ändern sich am stärksten bei einer Änderung des Freiheitsgrades x_i, der zum Beispiel eine Auslenkung des i-ten Knotens darstellt.

Bei FE-Verfahren ist das Gleichungssystem $F(x) = 0$ eine (notwendige) Bedingung dafür, daß die potentielle Energie $W(x)$ minimal wird. Dabei ist

$$F_i(x) = \frac{\partial}{\partial x_i} W(x) .$$

In diesem Fall erhält das nichtlineare Gauß-Seidel-Verfahren folgende Deutung:

Die potentielle Energie wird jeweils nur bezüglich eines Freiheitsgrades minimiert. Die übrigen Freiheitsgrade bleiben "eingefroren". Die Freiheitsgrade, in denen $W(x)$ minimiert wird, werden dabei in einer fest vorgegebenen Reihenfolge zyklisch durchlaufen. Die Suchrichtungen bei der Minimierung von $W(x)$ sind also die Koordinatenachsen.

Im (unrealistischen Fall) von nur zwei Freiheitsgraden kann man $W(x)$ durch seine Höhenlinien darstellen; das nichtlineare Gauß-Seidel-Verfahren läßt sich dann wie in Abb. 2.3-5 veranschaulichen.

Die Tatsache, daß die potentielle Energie bei jeder Relaxation (= "Entspannung") eines Freiheitsgrades abnimmt oder jedenfalls nicht größer wird, nutzt man aus, um theoretisch die Konvergenz dieses Verfahrens für beliebige Startvektoren zu beweisen. Dazu muß die potentielle Energie $W(x)$ mit ihren Ableitungen $F(x)$ und $F'(x)$ noch einige Bedingungen erfüllen, die in der Praxis meist gegeben sind. Näheres findet man in [13].

Diese Eigeschaft, daß das Gauß-Seidel-Verfahren für alle Startvektoren konvergiert, ist ein wesentlicher Vorteil gegenüber dem Newton-Verfahren, das ja nur dann konvergiert, wenn man "genügend nahe" bei der Lösung startet. Ein Nachteil des Gauß-Seidel-Verfahrens ist die langsame Konvergenz. Das wird zum Beispiel in obigem Höhenlinienbild der Abb. 2.3-5 deutlich. Hier liegt allerdings der besonders ungünstige Fall eines "schmalen Tales" in $W(x)$ vor, das quer zu den beiden Koordinatenachsen verläuft.

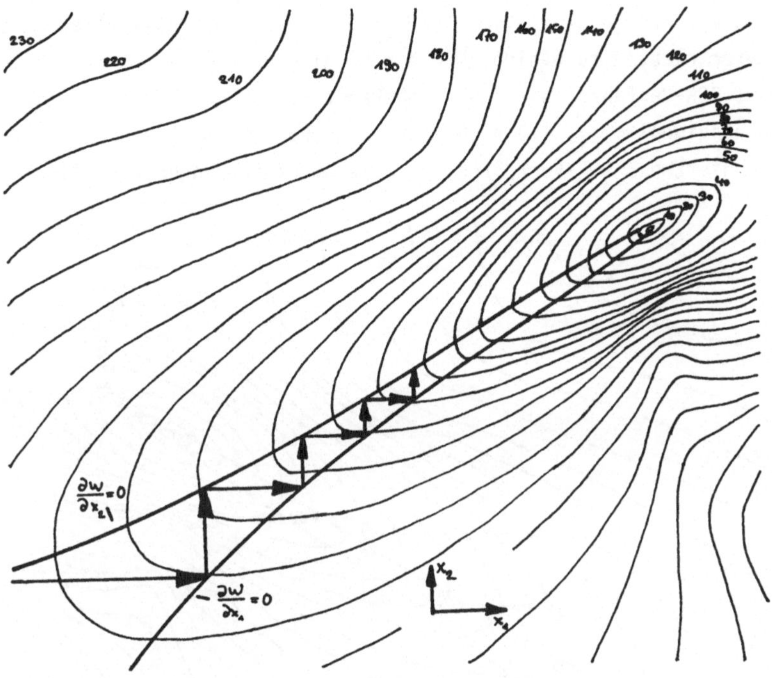

Abb. 2.3-5

Beschleunigen kann man das Gauß-Seidel-Verfahren durch Überrelaxation wie im linearen Fall. Bei der Minimierung von W(x) in einem Freiheitsgrad x_i bzw. dem Nullsetzen von $F_i(x)$ durch geeignete Wahl von x_i "schießt" man dabei bewußt "über das Ziel hinaus". Aus der alten Näherung $x_i^{(k)}$ und der durch Minimierung von W(x) gewonnenen Näherung $\tilde{x}_i$ extrapoliert man auf die neue Näherung:

$$x_i^{(k+1)} = \tilde{x}_i + s(\tilde{x}_i - x_i^{(k)}),\ s \geqq 0\ .$$

Die Größe $\omega := s+1 \geqq 1$ heißt wieder Relaxationsparameter, das so erklärte Verfahren nichtlineares SOR-Verfahren.

Für $\omega = 1.4$, also $s = 0.4$ verläuft das Nichtlineare SOR-Verfahren in obigem Beispiel wie in Abb. 2.3-6.

Das nichtlineare Gauß-Seidel-Verfahren wird hier also tatsächlich wesentlich beschleunigt.

Allerdings steht man genau wie im linearen Fall vor dem Problem, den Relaxationsparameter richtig zu wählen. Diese Wahl wird dadurch erschwert, daß das nichtlineare SOR-Verfahren ab einem (unbekannten, von der Güte der Startnäherung abhängigen) $\omega_{krit} < 2$ nicht mehr konvergiert. Im linearen Fall dagegen konvergiert das SOR-Verfahren für alle Startnäherungen und alle $0 < \omega < 2$.

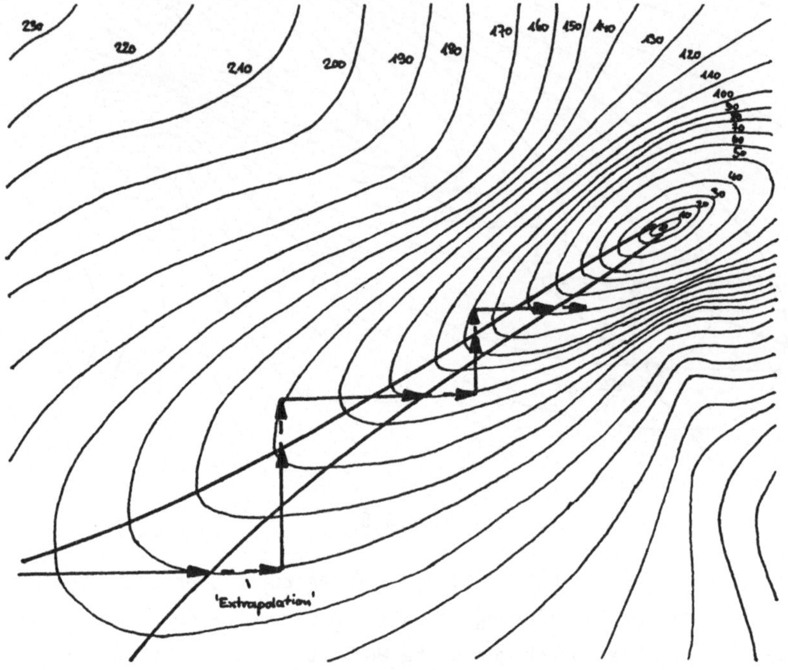

Abb. 2.3-6

Wie sehr die Konvergenzgeschwindigkeit von der Wahl von ω abhängt, soll in Abb. 2.3-7 an einem realistischen Beispiel demonstriert werden. Es wird die Schubspannungsfunktion für einen verdrehten zylindrischen Stab mit quadratischem Querschnitt durch die einfachsten Finiten Elemente approximiert (s. Abschnitt 1.6). Der Verdrillungswinkel ist dabei so groß, daß das Problem stark nichtlinear ist. In Abhängigkeit von ω wird aufgetragen, wieviele SOR-Iterationen zum Erreichen einer vorgegebenen Genauigkeit nötig waren, und zwar bei 25, 100, 400 Knoten. Zur besseren Vergleichbarkeit wird dabei die Anzahl der Schritte bezogen auf die Anzahl bei $\omega = 1$, also beim nichtlinearen Gauß-Seidel-Verfahren. Als Start-"Näherung" wurde jeweils der Nullvektor verwendet.

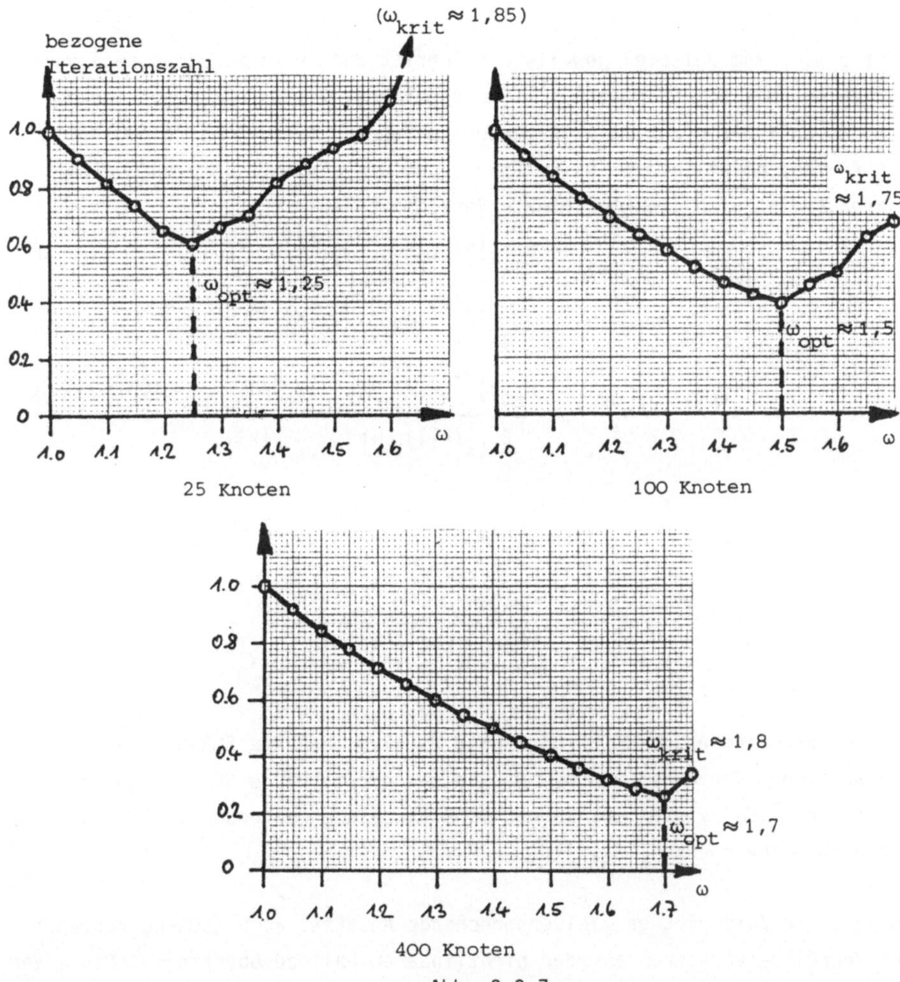

Abb. 2.3-7

Als weiterer Vorteil der nichtlinearen Relaxationsverfahren zählt wie im linearen Fall der minimale Speicherplatzbedarf. In dieser Beziehung ist das Newton-Verfahren mit den direkten Verfahren im linearen Fall vergleichbar und deswegen zumindest bei dreidimensionalen Problemen mit feinen Gittern nicht verwendbar.

Bisher wurde stillschweigend angenommen, daß sich die Gleichungen $F_i(x)$ mit vertretbarem Aufwand nach x_i auflösen lassen. Das ist in aller Regel nicht der Fall. Meist wird deswegen dieses Auflösen ersetzt durch wenige Schritte eines Iterationsverfahrens zur Lösung einzelner nichtlinearer Gleichungen.

Häufig wird zum Beispiel jeweils ein Schritt des (eindimensionalen!) Newton-Verfahrens mit dem Startwert $x_i^{(k)}$ durchgeführt. Das daraus resultierende Iterationsverfahren nennt man SOR-Newton-Verfahren. Aus den Iterationsvorschriften für das nichtlineare SOR-Verfahren und dem eindimensionalen Newton-Verfahren ergibt sich die kombinierte Vorschrift:

$$x_1^{(k+1)} = x_1^{(k)} - \omega \cdot \frac{F_1(x_1^{(k)}, x_2^{(k)}, \ldots, x_n^{(k)})}{\frac{\partial F_1}{\partial x_1}(x_1^{(k)}, x_2^{(k)}, \ldots, x_n^{(k)})},$$

$$x_2^{(k+1)} = x_2^{(k)} - \omega \cdot \frac{F_2(x_1^{(k+1)}, x_2^{(k)}, \ldots, x_n^{(k)})}{\frac{\partial F_2}{\partial x_2}(x_1^{(k+1)}, x_2^{(k)}, \ldots, x_n^{(k)})},$$

usw., bis

$$x_n^{(k+1)} = x_n^{(k)} - \omega \cdot \frac{F_n(x_1^{(k+1)}, x_2^{(k+1)}, \ldots, x_n^{(k)})}{\frac{\partial F_n}{\partial x_n}(x_1^{(k+1)}, x_2^{(k+1)}, \ldots, x_n^{(k)})}.$$

Bei der praktischen Durchführung zeigt es sich, daß das SOR-Newton-Verfahren ein ähnliches Konvergenzverhalten wie das nichtlineare SOR-Verfahren hat, und daß es sich meist nicht lohnt, mehr als einen Newtonschritt durchzuführen. Man vergleiche hierzu [13], [16], [22].

In jüngster Zeit gibt es vielversprechende Ansätze, auch SSOR-cg-Verfahren und Mehrgitterverfahren auf den nichtlinearen Fall zu übertragen. Diese Verfahren werden jedoch bisher in der Praxis wenig verwendet.

ÜBUNGEN ZU 2.3

Ü2.3.1

Betrachten Sie das Gleichungssystem $A(x) \cdot x = b$ mit

$$A(x) = \begin{pmatrix} 2x_2 & -x_1 \\ -x_1 & x_2^2 \end{pmatrix}, \quad b = \begin{pmatrix} 1 \\ 1 \end{pmatrix}$$

a) Wie lautet die Hesse-Matrix $F'(x)$?

b) Empfiehlt sich bei dem Gleichungssystem das Verfahren der variablen Steifigkeit?

Ü2.3.2

Betrachten Sie wieder das nichtlineare Gleichungssystem aus Übung 2.3.1:

$$A(x)\cdot x = b\ ,\quad A(x) = \begin{pmatrix} 2x_2 & -x_1 \\ -x_1 & x_2^2 \end{pmatrix}\ ,\ b = \begin{pmatrix} 1 \\ 1 \end{pmatrix}\ .$$

Wie lautet die Rechenvorschrift des nichtlinearen Gauß-Seidel-Verfahrens?

ANHANG: LÖSUNG DER ÜBUNGSAUFGABEN

Lösungen zu 1.1

Lösung Ü1.1.1

A. a) ist linear, die Koeffizienten hängen nur von x,y ab

b) ist wegen $a = u^3$, $b = 0$, $c = u$ quasilinear

c) $g := e^u + e^{x^2+y^2}$, daher wegen $a = c = 1$, $b = 0$ halblinear

d) ist wegen $a = 1-u_x^2$, $b = u_x u_y$, $c = 1-u_y^2$ quasilinear

B. a) $a = x$, $c = y$, $b = 0$, $ac-b^2 = xy$. Gleichung elliptisch $xy > 0$, d.h. im 1. und 3. Quadranten (ohne x- bzw. y-Achse)

b) $a = u^2$, $c = u$, $b = 0$, $ac-b^2 = u^3$. Gleichung elliptisch, wenn $u > 0$!

c) $a = 1+u_x^2$, $b = -u_x u_y$, $c = 1+u_y^2$. Gleichung elliptisch für

$$ac-b^2 = (1+u_x^2)(1+u_y^2)-u_x^2 u_y^2 = 1+u_x^2+u_y^2 > 0 .$$

Das ist stets der Fall.

C. Es gilt $a = 1$, $b = 0$, $c = \frac{1}{r^2}$, $ac-b^2 = \frac{1}{r^2} > 0$. Gleichung ist stets elliptisch.

Lösung Ü1.1.2

Es gilt $u_{rr} + \frac{1}{r}u_r + \frac{1}{r^2}u_{\Theta\Theta} = \frac{p}{r^2} - \frac{p}{r^2} \equiv 0$. Für alle $p > 0$ erfüllt u die Differentialgleichung. Weiter gilt auf Γ_1, d.h. für $r = \frac{1}{2}$:

$$u_r + \frac{2}{\ln 2} u = - \frac{p}{\frac{1}{2}} + \frac{2}{\ln 2}(-p \ln \tfrac{1}{2}) = -2p + \frac{2}{\ln 2}(-p(\ln 1 - \ln 2)) =$$
$$= -2p + \frac{2p}{\ln 2} \ln 2 = 0$$

und auf Γ_2, d.h. für $r = 1$: $u = -p \ln 1 = 0$. Daher ist $u = -\ln r^p$ für alle $p > 0$ Lösung des Randwertproblems.

Lösung Ü1.1.3

a) $F := (1+u_x^2+u_y^2)^{1/2} := U^{1/2}$

Eulersche Gleichung: $F_u - \frac{\partial}{\partial x} F_{u_x} - \frac{\partial}{\partial y} F_{u_x} = 0$. Man errechnet

$$F_u \equiv 0,\; F_{u_x} = \frac{u_x}{U^{1/2}},\; F_{u_y} = \frac{u_y}{U^{1/2}},\; \frac{\partial}{\partial x} F_{u_x} = \frac{u_{xx}U - u_x^2 u_{xx} - u_x u_y u_{xy}}{U^{3/2}},$$

entsprechend $\frac{\partial}{\partial y} F_{u_y}$. Die Eulersche Gleichung lautet

$$- \frac{\partial}{\partial x} F_{u_x} - \frac{\partial}{\partial y} F_{u_y} = \frac{u_{xx}(1+u_y^2)-2u_x u_y u_{xy}+u_{yy}(1+u_x^2)}{(1+u_x^2+u_y^2)^{3/2}} = 0$$

mit den Randbedingungen $u(x,y) = \psi(x,y)$, $(x,y)\in\Gamma$.

b) $F := \frac{1}{2}(x^2+y^2)[u_x^2+u_y^2+u^2]$, $\emptyset = \frac{1}{2}(u^2-2u)$

Eulersche Gleichung:

$$F_u - \frac{\partial}{\partial x} F_{u_x} - \frac{\partial}{\partial y} F_{u_y} = -(x^2+y^2)\Delta_2 u-2xu_x-2yu_y+(x^2+y^2)u = 0$$

Randbedingungen:

$$-F_{u_x}\cos(\upsilon,x)-F_{u_y}\cos(\upsilon,y)+\emptyset_u = -(x^2+y^2)\{u_x\cos(\upsilon,x)+u_y\cos(\upsilon,y)\} +u-1 = 0 \quad \text{auf } \Gamma_1$$

$$u(x,y) = \psi(x,y) \quad \text{auf } \Gamma_2$$

Lösungen zu 1.2

Lösung Ü1.2.1

Es gilt zunächst

$$\begin{aligned} -206-201-211-b \quad +4a &= 0 \\ -a \quad -202-c \quad -211+4b &= 0 \\ -b \quad -210-203-206+4c &= 0 \end{aligned}$$

oder geordnet

$$\begin{aligned} 4a- b \quad &= 618 \\ -a+4b- c &= 413 \\ - b+4c &= 619 \end{aligned}$$

Dieses lineare Gleichungssystem löst man leicht:

$$a = 206.089,\ b= 206.357,\ c = 206.339$$

Lösung Ü1.2.2

Die Matrix des Gleichungssystems ist

$$\begin{pmatrix} 4 & -1 & -1 & 0 & 0 & 0 & 0 & 0 & 0 & 0 \\ -1 & 4 & 0 & -1 & -1 & 0 & 0 & 0 & 0 & 0 \\ -1 & 0 & 4 & 0 & -1 & -1 & 0 & 0 & 0 & 0 \\ 0 & -1 & 0 & 4 & 0 & 0 & -1 & 0 & 0 & 0 \\ 0 & -1 & -1 & 0 & 4 & 0 & 0 & -1 & 0 & 0 \\ 0 & 0 & -1 & 0 & 0 & 4 & 0 & -1 & -1 & 0 \\ 0 & 0 & 0 & -1 & 0 & 0 & 4 & 0 & 0 & 0 \\ 0 & 0 & 0 & 0 & -1 & -1 & 0 & 4 & 0 & -1 \\ 0 & 0 & 0 & 0 & 0 & -1 & 0 & 0 & 4 & -1 \\ 0 & 0 & 0 & 0 & 0 & 0 & 0 & -1 & -1 & 4 \end{pmatrix}$$

Lösungen zu 1.3

Lösung Ü1.3.1

a) Die Ansatzfunktionen unter 1. erfüllen offenbar die Randbedingungen nicht, sind also ungeeignet. Bei 2. gilt dagegen $\psi_i(0) = \psi_i(1) = 0$, $i = 1,2,3$, dieser Satz von Ansatzfunktionen ist daher im Prinzip geeignet.

b) Die Steifigkeitsmatrix zu a) 2. errechnet sich zu

$$S := E\cdot A\cdot \begin{pmatrix} \frac{1}{6} & \frac{1}{6} & \frac{1}{10} \\ \frac{1}{6} & \frac{2}{15} & \frac{1}{10} \\ \frac{1}{10} & \frac{1}{10} & \frac{3}{35} \end{pmatrix}$$

c) Man errechnet

$$S := E\cdot A\cdot \begin{pmatrix} 10 & -5 & 0 & 0 \\ -5 & 10 & -5 & 0 \\ 0 & -5 & 10 & -5 \\ 0 & 0 & -5 & 10 \end{pmatrix}$$

Lösung Ü1.3.2

P_1-P_4: $c_x = \frac{a}{\ell}$, $c_y = 0$, $c_z = -\frac{c}{\ell}$

$$B_{1,4} = \frac{1}{\ell^2}\begin{pmatrix} a^2 & 0 & -ac \\ 0 & 0 & 0 \\ -ac & 0 & c^2 \end{pmatrix}, \quad W_{1,4} = \frac{1}{2}\frac{EA}{\ell}\begin{pmatrix} a_1 \\ a_4 \end{pmatrix}^T \begin{bmatrix} B_{1,4} & -B_{1,4} \\ -B_{1,4} & B_{1,4} \end{bmatrix}\begin{pmatrix} a_1 \\ a_4 \end{pmatrix}$$

$\underline{P_1\text{-}P_5}$: $c_x = -\frac{a}{\ell}$, $c_y = 0$, $c_z = -\frac{c}{\ell}$

$$B_{1,5} = \frac{1}{\ell^2}\begin{pmatrix} a^2 & 0 & ac \\ 0 & 0 & 0 \\ ac & 0 & c^2 \end{pmatrix}, \quad W_{1,5} \text{ analog}$$

$\underline{P_1\text{-}P_2}$: $c_x = 0$, $c_y = \ell$, $c_z = 0$

$$B_{1,2} = \frac{1}{\ell^2}\begin{pmatrix} 0 & 0 & 0 \\ 0 & 1 & 0 \\ 0 & 0 & 0 \end{pmatrix}, \quad W_{1,2} \text{ analog}$$

$\underline{P_2\text{-}P_6}$: $B_{2,6} = B_{1,4}$, $W_{2,6}$ analog

$\underline{P_2\text{-}P_7}$: $B_{2,7} = B_{1,5}$, $W_{2,7}$ analog

Lösungen zu 1.4

Lösung Ü1.4.1

Eine einfache Möglichkeit der lokalen Verfeinerung ist die folgende, in der nur Winkel von 90° und 45° auftreten:

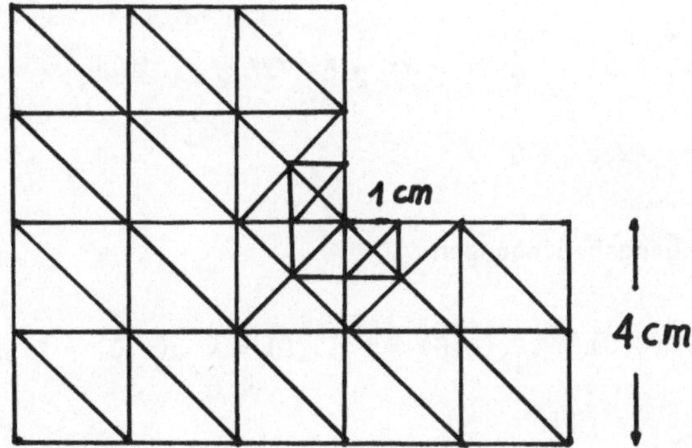

Lösung Ü1.4.2

a), b) Es ist klar, wie die Triangulierung beschaffen sein muß. Man versuche, eine "schöne" Triangulierung zu erreichen.

Lösung Ü1.4.3

a) In den Punkten

$$P_1 : (0, \frac{1}{2}),\ P_2 : (\frac{1}{2}, \frac{1}{2}),\ P_3 : (\frac{1}{2},0),\ P_4 : (0,-\frac{1}{2}),\ P_5 : (\frac{1}{2},-\frac{1}{2})$$

seien die Werte V_i, $i = 1,\ldots,5$, vorgegeben. Dann sind die gesuchten linearen Elemente über den Dreiecken T_I, T_{II} (leichte Rechnung!)

$$V_I(x,y) = V_1+V_3-V_2+2(V_2-V_1)x+2(V_2-V_3)y$$

$$V_{II}(x,y) = V_3+V_4-V_5+2(V_5-V_4)x-2(V_5-V_3)y$$

Soll die gesamte Ansatzfunktion für $y = 0$ etwa stetig sein (Übergang von T_I zu T_{II}!), so muß notwendig

$$V_5-V_4 = V_2-V_1$$

gelten. Ist dies nicht der Fall, so ist die Ansatzfunktion nicht stetig. Sie ist mithin i.a. unstetig.

b) Ein vollständiges Polynom 5. Grades ist durch 21 Koeffizienten eindeutig bestimmt, d.h. es besitzt auch 21 Freiheitsgrade.

c) Mit

$$v_I(x,y) := \frac{1}{2}x+\frac{1}{2}y-\frac{1}{2}x^2-xy+\frac{1}{2}y^2 \quad \text{in } T_I$$

$$v_{II}(x,y) \equiv 0 \qquad\qquad \text{in } T_{II}$$

gelten die Übergangsbedingungen

$$v_I(0,0) = v_{II}(0,0) = v_I(1,0) = v_{II}(1,0) = 0\ ,$$

$$\left.\frac{\partial v_I}{\partial y}\right|_{(\frac{1}{2},0)} = \left.\frac{\partial v_{II}}{\partial y}\right|_{(\frac{1}{2},0)} = 0\ .$$

Man beachte, daß $\partial v/\partial y$ auf der Seite $y = 0$ mit der Normalableitung übereinstimmt.

Es ist aber $v_I(x,0) = \frac{1}{2}x(1-x)$, also etwa

$$v_I(\tfrac{1}{2},0) = \tfrac{1}{8} \neq v_{II}(\tfrac{1}{2},0) = 0 .$$

Daher ist bei dieser Elementewahl die Ansatzfunktion nicht stetig.

Lösungen zu 1.5

Lösung Ü1.5.1

a) Man erhält

$$\begin{aligned} S_{7,8} &= \iint_{T_{7,8,12}} [(\psi_7)_x(\psi_8)_x+(\psi_7)_y(\psi_8)_y]dxdy \\ &+ \iint_{T_{7,5,8}} [(\psi_7)_x(\psi_8)_x+(\psi_7)_y(\psi_8)_y]dxdy \\ &= \frac{h^2}{2}[-\frac{1}{h^2}] + |\frac{h^2}{2}|[-|\frac{1}{h^2}|] = -1 . \end{aligned}$$

Entsprechend berechnet man

$$\begin{aligned} S_{7,7} &= \iint_{T_{7,8,12}} [(\psi_7)_x^2+(\psi_7)_y^2]dxdy + \text{analoge Terme für die restlichen Dreiecke} \\ &= \frac{h^2}{2}[(\frac{1}{h^2}+\frac{1}{h^2})+\frac{1}{h^2}+\frac{1}{h^2}(\frac{1}{h^2}+\frac{1}{h^2})+\frac{1}{h^2}+\frac{1}{h^2}] = 4 \end{aligned}$$

$$S_{8,7} = S_{7,8} .$$

b) Die Integration über das Dreieck $T_{7,8,12}$ ist insgesamt 6 mal durchzuführen.

Lösung Ü1.5.2

a) Die Elementsteifigkeitsmatrix für $T_{34,2,4}$ ist

$$S_e := \begin{pmatrix} 1 & 0 & -1 \\ 0 & 1 & -1 \\ -1 & -1 & 2 \end{pmatrix},$$

die für $T_{7,8,12}$

$$S_e := \begin{pmatrix} 2 & -1 & -1 \\ -1 & 1 & 0 \\ -1 & 0 & 1 \end{pmatrix}$$

b), c) Die Lösungen dieser Teilaufgaben sind sehr einfach, erfordern jedoch größerformatige Skizzen. Aus Platzgründen verzichten wird auf die Darstellung.

Lösungen zu 1.6

Lösung Ü 1.6.1

Das zur Berechnung der Größen $U_1,\ldots,U_4$ noch verbleibende Gleichungssystem lautet

$$\begin{aligned}
F_1 &= U_1^3(-U_2+2U_1-102)+U_1(-U_3+2U_1-104)-h^2 = 0\\
F_2 &= U_2^3(-U_1+2U_2-106)+U_2(-105+2U_2-U_4)-h^2 = 0\\
F_3 &= U_3^3(-101+2U_3-U_4)+U_3(-U_1+2U_3-101)-h^2 = 0\\
F_4 &= U_4^3(-U_3+2U_4-105)+U_4(-U_2+2U_4-102)-h^2 = 0
\end{aligned}$$

Mit den Abkürzungen

$$\delta_{1,x} := (-U_2+2U_1-102), \quad \delta_{1,y} := (-U_3+2U_1-104);$$

$$\delta_{i,x}, \delta_{i,y}, \quad i = 2,3,4 \text{ analog}$$

$$c_i := 3U_i^2\delta_{i,x}+2U_i^3+\delta_{i,y}+2U_i$$

lautet die gesuchte Funktionalmatrix

$$F' = \begin{pmatrix} c_1 & -U_1^3 & -U_1 & 0 \\ -U_2^3 & c_2 & 0 & -U_2 \\ -U_3 & 0 & c_3 & -U_3^3 \\ 0 & -U_4 & -U_4^3 & c_4 \end{pmatrix}$$

F' ist nur symmetrisch, falls $U_1 = U_2 = U_3 = U_4$!

Lösung Ü 1.6.2

a) Man erhält

$$S_4 = h^2\left\{(1+(\frac{2+U_1+U_3}{4})^2)[(\frac{U_1+U_3-2}{2h})^2+(\frac{U_3-U_1}{2h})^2]-\frac{2+U_1+U_3}{4}\right\}$$

$$S_5 = h^2\left\{(1+(\frac{U_1+U_2+U_3+U_4}{4})^2)[(\frac{U_2-U_1+U_4-U_3}{2h})^2+(\frac{U_4-U_2+U_3-U_1}{2h})^2]\right.$$
$$\left.-\frac{U_1+U_2+U_3+U_4}{4}\right\}$$

$$S_6 = h^2\left\{(1+(\frac{2+U_2+U_4}{4})^2)[(\frac{2-U_2-U_4}{2h})^2+(\frac{U_4-U_2}{2h})^2]-\frac{2+U_2+U_4}{4}\right\}$$

$$S_7 = h^2\left\{(1+(\frac{3+U_3}{4})^2)[2(\frac{1-U_3}{2h})^2]-\frac{3+U_3}{4}\right\}$$

b) Aus der Forderung

$$S(U_1,\ldots,U_4) := \sum_{i=1}^{9} S_i = \text{Min}$$

folgt notwendig

$$\frac{\partial S}{\partial U_i} = 0\ ,\quad i = 1,\ldots,4\ .$$

Nun gilt aber

$$\frac{\partial S}{\partial U_1} = \sum_{i=1}^{9}\frac{\partial S_i}{\partial U_1} = \frac{\partial}{\partial U_1}(S_1+S_2+S_4+S_5)\ ,$$

denn U_1 tritt nur in S_1,S_2,S_4,S_5 auf. Man erhält nach einiger Rechnung:

$$\frac{\partial S}{\partial U_1} = \frac{1}{32}\left\{[(6+2U_1)(U_1-1)^2+(U_1-1)(16+(3+U_1)^2)-8h^2]\right.$$

$$+[(2+U_1+U_2)((U_2-U_1)^2+(U_2+U_1-2)^2)+2(U_1-1)(16+(2+U_1+U_2)^2)-8h^2]$$

$$+[(2+U_1+U_3)((U_1+U_2-2)^2+(U_3-U_1)^2)+2(U_1-1)(16+(2+U_1+U_3)^2)-8h^2]$$

$$+[(U_1+U_2+U_3+U_4)((U_2-U_1+U_4-U_3)^2+(U_4-U_2+U_3-U_1)^2)$$

$$\left.+2(U_1-U_4)(16+(U_1+U_2+U_3+U_4)^2)-8h^2]\right\}$$

LÖSUNGEN ZU 2.1

Lösung Ü 2.1.1

a) Es ist m = 3

b)

$$R = \begin{pmatrix} * & 0 & 0 & * \\ 0 & * & 0 & * \\ 0 & 0 & * & * \\ 0 & 0 & 0 & * \end{pmatrix},$$

entsprechend für R^T.

c)

$$R = \begin{pmatrix} 1 & 0 & 0 & 1 \\ 0 & 2 & 0 & 1 \\ 0 & 0 & 3 & 1 \\ 0 & 0 & 0 & \sqrt{22} \end{pmatrix}$$

Lösung Ü 2.1.2

Numerierung 1:

$$S = \begin{pmatrix} * & * & 0 & 0 & 0 & * \\ * & * & * & 0 & 0 & * \\ 0 & * & * & * & 0 & * \\ 0 & 0 & * & * & * & * \\ 0 & 0 & 0 & * & * & * \\ * & * & * & * & * & * \end{pmatrix}$$

Skyline eingezeichnet,

Bandbreite: m = 5

Numerierung 2:

$$S = \begin{pmatrix} * & * & * & * & * & * \\ * & * & * & 0 & 0 & 0 \\ * & * & * & * & 0 & 0 \\ * & 0 & * & * & * & 0 \\ * & 0 & 0 & * & * & * \\ * & 0 & 0 & 0 & * & * \end{pmatrix}$$

keine Skyline,

Bandbreite: m = 5

Numerierung 1 ist vorzuziehen, da hier bei der Faktorisierung Speicherplatz und Rechenaufwand gespart wird.

Lösung Ü 2.1.3

a) K = (1,2,3,4,8) ; AH = (1,4,9,25,3,2,1)

b)

$$S = \begin{pmatrix} 1/\sqrt{a_{11}} & & & \\ & 1/\sqrt{a_{22}} & & \\ & & 1/\sqrt{a_{33}} & \\ & & & 1/\sqrt{a_{44}} \end{pmatrix} = \begin{pmatrix} 1 & & & \\ & 1/2 & & \\ & & 1/3 & \\ & & & 1/5 \end{pmatrix}$$

$$A^s := SAS = \begin{pmatrix} 1 & & & 1/5 \\ & 1 & & 1/5 \\ & & 1 & 1/5 \\ \text{symm.} & & & 1 \end{pmatrix}$$

$$b^s := S\cdot b = \begin{pmatrix} 6 \\ 6 \\ 6 \\ 8 \end{pmatrix}$$

c) Die Eigenwertabschätzung erhält man mit dem "Kreisesatz von Gerschgorin" (vgl. etwa [23] S. 14 ff). Wegen $|a^s_{ij}| \leqq 1$ gilt $\frac{n+1}{2}\,2^{-t} \leqq \lambda_{min}(A)$, was jedenfalls erfüllt ist für

$$\frac{n+1}{2}\,2^{-t} < \frac{2}{5}$$

oder

$$t > -\log_2\left(\frac{2}{5}\cdot\frac{2}{n+1}\right) = -\frac{\ln 4/25}{\ln 2} = 2.64 \ .$$

Also geht die Definitheit bei Rechnung mit mindestens drei Binärstellen nicht verloren.

Lösung Ü 2.1.4

Rechenvorschrift des Gauß-Seidel-Verfahrens hier:

$$x_1^{(k+1)} = (1.002x_2^{(k)}-0.5000)/1.001$$

$$x_2^{(k+1)} = (1.000x_1^{(k+1)}+0.5000)/1.001$$

Durchführung der Iteration in vierstelliger dezimaler Gleitpunktarithmetik:

a) $x_1^{(0)} = 450.0$, $x_2^{(0)} = 550.0$, also

$x_1^{(1)} = \text{rund}(\text{rund}(\text{rund}(1.002*550.0)-0,5))/1.001) = 550.0$

$x_2^{(1)}$ = rund(rund(550.0+0.5)/1.001) = 550.0
d.h.
$x_1^{(1)} = x_2^{(1)}$ = 550.0. Bei weiterer Rechnung folgt
$x_1^{(k)} = x_2^{(k)}$ = konstant = 550.0, k = 1,2...

b) Führt man die gleiche Rechnung mit den Startwerten
$x^{(0)}$ = (550.0, 450.0) durch, so erhält man
$x_1^{(k)} = x_2^{(k)}$ = konstant = 450.0 , k = 1,2...

Die Iteration konvergiert also bei beiden Startwerten; jedoch mit unterschiedlichem Ergebnis. Der Grund hierfür ist, daß die zu erreichende Grenzgenauigkeit wegen der extrem schlechten Kondition von A äußerst gering ist.
Es ist nämlich

$$\text{cond}_\infty(A) := ||A||_\infty \cdot ||A^{-1}||_\infty = 2.003 \cdot \frac{2.003}{10^{-6}} = 4.012 \cdot 10^6 .$$

(Es gilt $A^{-1} = \frac{1}{\det A} \begin{pmatrix} 1.001 & 1.002 \\ 1.000 & 1.001 \end{pmatrix}$

LÖSUNGEN ZU 2.2

Lösung Ü 2.2.1

a) Besitzt A_1 n Zeilen und Spalten, so gilt für die Bandbreite m_k von $A_k = A_{k-1}^2 - 2I$, k = 2,3,...:

$$m_k = \min(n-1, 2*m_{k-1}) ,$$

also

$$m_k = \min(n-1, 2^k)$$

Folglich ist A_k für $k \geq \frac{\ln(n-1)}{\ln 2}$ vollbesetzt:

n	vollbesetzt ab k =
20	5
50	6
100	7
200	8
500	9
1000	10

b) $\|A_2\|_2 \geqq 7$, $\|A_3\|_2 \geqq 47$, $\|A_4\|_2 \geqq 2207$, $\|A_5\|_2 \geqq 4870847$
$\|A_6\|_2 \geqq 2.3725\cdot 10^{13}$

Lösungen zu 2.3

Lösung Ü 2.3.1

a)
$$F(x) := A(x)\cdot x-b = \begin{pmatrix} 2x_2 & -x_1 \\ -x_1 & x_2^2 \end{pmatrix}\begin{pmatrix} x_1 \\ x_2 \end{pmatrix} - \begin{pmatrix} 1 \\ 1 \end{pmatrix} = \begin{pmatrix} x_1x_2-1 \\ -x_1^2+x_2^3-1 \end{pmatrix}$$

$$F'(x) = \begin{pmatrix} \partial F_1/\partial x_2 & \partial F_1/\partial x_2 \\ \partial F_2/\partial x_1 & \partial F_2/\partial x_2 \end{pmatrix} = \begin{pmatrix} x_2 & x_1 \\ -2x_1 & 3x_2^2 \end{pmatrix}$$

Man beachte, daß $F'(x) \neq A(x)$!

b) Nein, denn die Lösung von $F'(x)\cdot d = F(x)$ ist genau so aufwendig wie die Lösung von $A(x)\cdot d = F(x)$, das Newton-Verfahren konvergiert aber i.a. wesentlich schneller.

Lösung Ü 2.3.2

Das Auflösen von $F_1(x_1,x_2) = x_1x_2-1 = 0$ nach x_1 liefert $x_1 = 1/x_2$ und von $F_2(x_1,x_2) = -x^2+x_2^3-1 = 0$ nach x_2 : $x_2 = \sqrt[3]{1+x_1^2}$.

Das Gauß-Seidel-Verfahren (hier ausnahmsweise "exakt" durchführbar) lautet also

$$x_1^{(k+1)} = \frac{1}{x_2^{(k)}}, \quad x_2^{(k+1)} = \sqrt[3]{1+(x_1^{(k+1)})^2} .$$

LITERATUR

[1] Axelsson, O.: Solution of linear systems of equations: iterative methods. In: Sparse Matrix Techniques. Kopenhagen 1976, Lecture Notes in Mathematics 572, Springer 1977

[2] Bathe, K. J.; Wilson, E. L.: Numerical Methods in Finite Element Analysis (Kap. 111.7). Prentice Hall 1976

[3] Cavendish, I. C.: Automatic Triangulation of Finite Element Meshes. Int. Journal of Numerical Methods in Engineering, Vol. 8 (1974)

[4] Ciarlet, P. G.: The Finite Element Method for Elliptic Problems. North Holland (1978)

[5] Detyna, E.: Rapid elliptic solvers. In: Sparse Matrices and their Uses (Herausgeg. von I. S. Duff), Academic Press 1981

[6] Forsythe, G. E.; Malcolm, M. A.; Moler, C. B.: Computer methods for mathematical computations. Englewood Cliffs, N.J.: Prentice-Hall 1977

[7] Gallagher, R. H.: Finite Element-Analysis. Springer-Verlag 1976

[8] George, J. A.: Solution of linear systems of equations: direct methods for finite element problems. In: Sparse Matrix Techniques (siehe [1])

[9] Hageman, L. A.; Young, D. M.: Applied Iterative Methods (Kapitel 9, mit Programm). Academic Press 1981

[10] Meis, Th.; Marcowitz, U.: Numerische Behandlung partieller Differentialgleichungen (Kapitel III, mit FORTRAN-Programmen). Springer 1978

[11] Multigrid Newsletter. Herausgeg. von G. P. McCormick und K. Brand. Eigenverlag. Zu beziehen über K. Brand, GMD St. Augustin

[12] Oden, J. T.: Finite Elements of Nonlinear Continua (Kap. 17). McGraw-Hill 1972

[13] Ortega, J. M.; Rheinboldt, W. C.: Iterative Solution of Nonlinear Equations in Several Variables. Academic Press 1970

[14] Rabinowitz, Ph. (Hrsg.): Numerical Methods for Nonlinear Algebraic Equations (Kap. 4 (Broyden), 6+7 (Powell, mit Programm), 8 (Dennis), 9 (Zienkiewicz, Irons)). Gordon and Breach 1970

[15] Reid, J. K.: Solution of linear systems of equations: direct methods (general). In: Sparse Matrix Techniques (siehe [1])

[16] Schechter, S.: On the choice of relaxation parameters for nonlinear problems. In: Numerical Solution of Nonlinear Algebraic Equations (Hrsg. Byrne, Hall), Academic Press 1973

[17] Schwarz, H. R.: Methode der finiten Elemente, 2. Aufl. Teubner 1983

[18] Schwarz, H. R.: FORTRAN-Programme zur Methode der finiten Elemente. Teubner Studienbücher Mathematik (1981)

[19] Schwetlick, H.: Numerische Lösung nichtlinearer Gleichungen. Oldenburg 1979

[20] Stoer, J.; Bulirsch, R.: Einführung in die Numerische Mathematik II (Kap. 8). 2. Aufl. Apringer 1978

[21] Strang, G.; Fix, G.: An Analysis of the Finite Element Method. Prentice Hall (1973)

[22] Törnig, W.: Numerische Mathematik für Ingenieure und Physiker. Band 1, Springer 1979

[23] Törnig, W.: Numerische Mathematik für Ingenieure und Physiker. Band 2, Springer 1979

[24] Varga, R. S.: Matrix Iterative Analysis. Prentice Hall 1962

[25] Wachspress, E. L.: Iterative Solution of Elliptic Systems (Kap. 6). Prentice Hall 1966

[26] Wilkinson, J. H.: Rundungsfehler (Kap. III). Springer 1969

[27] Wilkinson, J. H.; Reinsch, C.: Handbook of Automatic Computation. Vol. II, Contribution I/5 (mit ALGOL-Programm)

[28] Young, D. M.: Iterative Solution of Large Linear Systems. Academic Press 1971

[29] Zienkiewicz, O. C.: Methode der finiten Elemente. Hanser Verlag 1975

SACHVERZEICHNIS